Sirimal Premakumara
Hasitha Weeratunge

Espécies selvagens de canela do Ceilão e composições de óleo essencial

AF536839

Sirimal Premakumara
Hasitha Weeratunge

Espécies selvagens de canela do Ceilão e composições de óleo essencial

Canela do Ceilão Espécies selvagens

ScienciaScripts

Imprint
Any brand names and product names mentioned in this book are subject to trademark, brand or patent protection and are trademarks or registered trademarks of their respective holders. The use of brand names, product names, common names, trade names, product descriptions etc. even without a particular marking in this work is in no way to be construed to mean that such names may be regarded as unrestricted in respect of trademark and brand protection legislation and could thus be used by anyone.

Cover image: www.ingimage.com

This book is a translation from the original published under ISBN 978-620-7-45335-1.

Publisher:
Sciencia Scripts
is a trademark of
Dodo Books Indian Ocean Ltd. and OmniScriptum S.R.L publishing group

120 High Road, East Finchley, London, N2 9ED, United Kingdom
Str. Armeneasca 28/1, office 1, Chisinau MD-2012, Republic of Moldova, Europe
Printed at: see last page
ISBN: 978-620-8-29662-9

Copyright © Sirimal Premakumara, Hasitha Weeratunge
Copyright © 2024 Dodo Books Indian Ocean Ltd. and OmniScriptum S.R.L publishing group

Conteúdo

Prefácio

Atualmente, são conhecidos em todo o mundo cerca de 3000 óleos voláteis diferentes (óleos essenciais). As suas aplicações são principalmente nas indústrias farmacêutica, agrícola, alimentar, sanitária, cosmética e de perfumaria, sendo um negócio multimilionário em todo o mundo. A Índia, antiga, a China e o Egito eram os locais onde os óleos essenciais eram produzidos e utilizados principalmente em aromas, fragrâncias e medicamentos. Em 1480 a.C., os egípcios exploraram os óleos essenciais, as plantas que contêm óleos essenciais e as resinas na Somália como ingredientes para perfumes, aromas, medicamentos e para a preservação de múmias. Nessa altura, eram os grandes utilizadores de óleos essenciais. A maior parte das famosas fragrâncias egípcias foram encontradas em muitas obras arqueológicas egípcias que representam a riqueza e a posição social dessa época. O primeiro comércio internacional de óleos essenciais teve início em meados do século XIV com o óleo essencial de alecrim e é o primeiro perfume alcoólico da história, denominado "Rainha da Água da Hungria". Em 1620, Yardley, um inglês, começou a fabricar sabão para a zona de Londres. O sabão de Yardley era perfumado com lavanda inglesa e foi provavelmente a primeira vez que os óleos essenciais foram utilizados em grande escala na indústria do sabão. No início do século XVIII, foi introduzida a marca "Eau de Cologne", baseada em perfumes à base de bergamota e citrinos. O óleo essencial e os produtos relacionados, tais como resinas, absolutos, tinturas, oleo-resinas, pomadas e concretos, são os principais ingredientes para o fabrico de aromas e fragrâncias em todo o mundo. Atualmente, os óleos essenciais e produtos afins são utilizados na indústria de aromas e fragrâncias por um grande número de fabricantes em França, no Reino Unido, na Alemanha, na Suíça, no Japão e nos Estados Unidos.

Os óleos essenciais de especiarias, ervas e flores têm sido produzidos e utilizados no Sri Lanka desde 2000 a.C.. Os registos médicos indígenas da antiguidade confirmam que o óleo de folha de canela e o óleo de casca de canela têm sido utilizados para o alívio da dor, aromaterapia e como fonte repelente de insectos em casas e arrozais. Além disso, o Sri Lanka, sendo um país tropical com vastos recursos de plantas aromáticas, tem sido utilizado pela população para fins alimentares, medicamentos tradicionais, cosméticos, aromas e fragrâncias nos últimos séculos. Atualmente, o Sri Lanka cultiva especiarias e ervas aromáticas que produzem óleos essenciais e são utilizadas como subproduto nos mercados locais e internacionais. Os principais óleos essenciais de especiarias produzidos no Sri Lanka são o óleo de casca de canela, o óleo de folha de canela, o óleo de pimenta, o óleo de noz-moscada, o óleo de cardamomo, o óleo de gengibre, o óleo de caule de cravo e o óleo de botão de cravo. Para além dos óleos de especiarias, o Sri Lanka produz óleos essenciais como o óleo de citronela, o óleo de erva-limão, o óleo de sândalo, o óleo de pinho e o óleo de eucalipto para os mercados locais e internacionais. Entre estes óleos essenciais, o óleo de casca de canela e o óleo de citronela são exportados com a identidade do Ceilão para o mercado internacional, onde ninguém consegue produzir estes dois óleos em qualquer parte do mundo. As propriedades únicas da canela do Ceilão e da citronela do Ceilão eram significativas mesmo nos tempos antigos. Antes da descoberta da rota à volta do Cabo, os comerciantes árabes desempenhavam um papel preponderante no comércio da canela, havendo provas de que o óleo de canela de Ceilão foi exposto na Exposição Mundial de Comércio, em Frankfurt, em 1574. No entanto, a canela e os seus óleos ganharam certamente um valor económico muito mais elevado após a exploração global por Vasco da Gama no século XVI. A citronela é também uma das mais antigas culturas produtoras de óleo essencial no Sri Lanka. Na segunda metade do século XVII, a citronela foi introduzida no Sri Lanka por dois cirurgiões holandeses, Paul Hermann e Nichola Grim. No início do século XVIII, o primeiro carregamento de óleo de citronela foi enviado para Londres. Em 1851 e 1855, foram expostas amostras de óleo de citronela nas feiras mundiais de Londres. Além disso, o Sri Lanka está a produzir quantidades relativamente pequenas de concretos florais e oleorresinas de especiarias para as indústrias de aromas locais, bem como para o mercado internacional. Os óleos essenciais de especiarias são utilizados em oleorresinas de especiarias, sendo a oleorresina normalizada pelo óleo essencial. A oleorresina de canela é normalmente padronizada com 25%, p/p, de óleo essencial, sendo o próprio óleo essencial a fornecer o sabor doce da oleorresina de canela. Os óleos essenciais são utilizados como aromatizantes na indústria de confeitaria, bebidas e panificação, até certo ponto no Sri Lanka.

Há um interesse renovado na procura de novos tipos de óleos essenciais, com caraterísticas químicas únicas, para competir nos mercados internacionais de aromas e fragrâncias. A indústria de perfumes é uma das principais indústrias que utilizam o óleo essencial como ingrediente principal na formulação, abrindo um valor acrescentado substancial no mercado internacional de perfumaria. Embora o Sri Lanka esteja a produzir quantidades relativamente grandes e variedades de óleos essenciais para o mercado internacional, a indústria de perfumaria no Sri Lanka ainda não está desenvolvida a nível internacional. A principal novidade é que o Sri Lanka produz principalmente óleos essenciais de notas médias, como o óleo de casca de canela, o óleo de folha de canela e o óleo de cardamomo, e poucas notas de base, como o óleo de sândalo e o óleo de tipo agarwood para a indústria de perfumaria. As notas de topo, incluindo os óleos essenciais de flores e as notas de fundo, não existem até à data no Sri Lanka. Existem poucas empresas no Sri Lanka que se dedicam à produção de extractos florais e perfumes relacionados para o mercado internacional. Por conseguinte, para desenvolver a indústria de óleos essenciais, bem como iniciar indústrias de perfumaria de nível internacional no Sri Lanka, devem ser explorados novos óleos essenciais com potentes notas de topo, médias e de fundo a partir de recursos naturais. Por conseguinte, os cientistas e os industriais devem explorar os nossos recursos naturais para encontrar potenciais novos óleos essenciais. Além disso, existem provas históricas que realçam a exploração da biodiversidade e as relações comerciais internacionais. Quando os portugueses dominaram as zonas costeiras do Sri Lanka no início do século XVI, a canela crescia apenas em estado selvagem. No entanto, os portugueses comercializavam a canela selvagem ao longo da sua governação. Em seguida, os holandeses chegaram ao Sri Lanka em 1656 e introduziram o cultivo sistemático da canela na faixa costeira de Negombo a Ambalangoda. Os britânicos, que chegaram depois dos holandeses, introduziram a destilação do óleo de folha de canela em 1841. Por esta altura, o substituto da canela, a cássia (Cinnamomum cassia), foi introduzido no mercado internacional e tornou-se o principal concorrente e substituto da canela do Ceilão. Por conseguinte, a fim de melhorar a qualidade da canela de Ceilão, os funcionários decidiram evitar quaisquer lascas e raspas nas penas de canela. Posteriormente, as aparas e raspas desperdiçadas foram utilizadas para produzir óleo de casca de canela por processo de destilação a vapor.

Os investigadores do Sri Lanka têm vindo a realizar muita investigação sobre os óleos essenciais mais comuns, em especial sobre aplicações em farmacologia, microbiologia médica, fitopatologia e conservação de alimentos, desde o momento da sua evolução como indústria. No entanto, com exceção dos principais óleos essenciais já conhecidos, como a canela, o cravinho, a pimenta, a noz-moscada, a citronela, o bétel e o cardamomo, não foi efectuada qualquer investigação sobre as plantas aromáticas do Sri Lanka e os óleos essenciais menos conhecidos para potenciais aplicações económicas. Além disso, foi efectuado um número muito limitado de estudos científicos para explorar a bio-diversidade do Sri Lanka para novos óleos essenciais que podem ser convertidos para obter receitas estrangeiras. R.O.B. Wijesekara (1974) e a sua equipa estudaram os óleos essenciais de valor comercial na floresta do Sri Lanka, incluindo uma canela selvagem e um cardamomo selvagem, durante 1965 -1976. Sritharan R (1984) estudou o género Cinnamon para a sua tese de mestrado no Instituto de Pós-graduação em Agricultura da Universidade de Peradeniya, no Sri Lanka, e registou nove espécies de Cinnamomum selvagens, incluindo *Cinnamomum sinharajanse*, *C. rivulorum*, *C. dubium*, *C. capparu-coronde*, *C. ovalifolium*, *C. litseaefolium* e *C. citriodorum*, que são endémicas do Sri Lanka. Analisou os seus principais constituintes químicos de óleos voláteis por análise TLC. No entanto, não foram realizados estudos utilizando técnicas cromatográficas avançadas, como as técnicas GC-MS e NMR, para avaliar a impressão digital química desses óleos essenciais da canela endémica.

O Sri Lanka é conhecido como um dos 25 pontos quentes de biodiversidade do mundo devido à elevada diversidade biológica da flora e da fauna nas reservas florestais mundialmente famosas, como Sinharaja e Kanneliya. Além disso, o Sri Lanka tem a maior biodiversidade por unidade de superfície da região asiática. Foram registadas mais de 3850 espécies de plantas com flores, das quais 927 espécies (cerca de 28%) são endémicas do Sri Lanka. A Reserva Florestal de Sinharaja e o complexo florestal KDN (Kanneliya, Dediyagala e Nakiyadeniya) são duas das reservas florestais mais ricas em termos florísticos na zona húmida do Sri Lanka. Além disso, 90% das espécies endémicas estão concentradas na parte sudoeste da ilha, onde se situam Sinharaja e o complexo KDN. Para além de Sinharaja e do complexo KDN, as reservas florestais de Ritigala apresentam um endemismo relativamente elevado de espécies vegetais entre as florestas da zona seca. A reserva natural de Ritigala representa a maior colina isolada do Sri Lanka, tendo sido registados 409 taxa de plantas inferiores e superiores. O endemismo em Ritigala é notavelmente elevado em comparação com o resto das florestas da zona seca, na medida em que a presença de muitas espécies endémicas da zona húmida contribui para a rica diversidade da sua flora. Entre as espécies de angiospérmicas da reserva florestal de Ritigala, 54 espécies (16,4%) são endémicas do Sri Lanka. A reserva florestal de Nilgala situa-se na província de Uva e no distrito de Monaragala, representando uma cobertura florestal de zona seca intermédia com uma biodiversidade muito rica. Além disso, de acordo com a crença popular entre os médicos tradicionais, a floresta de Nilgala tinha sido o "jardim de plantas medicinais" do famoso médico rei Buddhadasa. Trata-se, portanto, de uma zona rica em plantas medicinais, com 52 famílias, 147 géneros e 252 espécies, incluindo uma grande diversidade de elementos das zonas seca, intermédia e húmida. Por conseguinte, as quatro florestas de Sinharaja, Kanneliya, Ritigala e Nilgala foram selecionadas para a exploração de plantas produtoras de óleo essencial, onde a biodiversidade e o endemismo das espécies são muito elevados, na expetativa de que essas reservas possam ter potencial industrial, espécies vegetais produtoras de óleo essencial valiosas e únicas.

Foi efectuado um estudo transversal nas florestas de Sinharaja, Kanneliya, Ritigala e Nilgala para identificar potenciais plantas produtoras de óleo essencial para ingredientes de fragrâncias. As plantas potencialmente produtoras de óleos essenciais para fragrâncias foram selecionadas por escolha e teste organolético no local pela equipa de estudo. As áreas de amostragem foram selecionadas em cada floresta de acordo com a disponibilidade, a diversidade e a densidade de plantas portadoras de óleos essenciais para fragrâncias. A identificação das plantas selvagens foi efectuada com base na morfologia da planta, na informação organoléptica, nas caraterísticas quimiotaxonómicas e nos dados microscópicos. Os espécimes de plantas preservados com álcool metilado foram prensados e secos durante algumas semanas para preparar as amostras de herbário. O material vegetal potencial para extração de óleo essencial, incluindo espécies vegetais parcialmente identificadas e não identificadas, foi remetido para o Jardim Botânico Nacional para efeitos de registo e identificação. A identificação foi confirmada por comparação positiva das caraterísticas morfológicas com o herbário de plantas autenticadas disponível no Jardim Botânico Nacional, Peradeniya, Sri Lanka. Com base nos resultados da autenticação das plantas, foi preparada uma lista de plantas para cada floresta, a fim de obter a aprovação do Departamento Florestal e do Departamento de Conservação da Vida Selvagem.

Aproximadamente 73 espécies de plantas foram investigadas para potenciais óleos essenciais com compostos de fragrância de quatro florestas do Sri Lanka, incluindo Sinharaja, Kannaliya, Nilgala e Ritigala. Foram extraídos cerca de 230 óleos essenciais (incluindo folhas, cascas, raízes, caules, cerne e resinas) dessas espécies das florestas mencionadas (Sinharaja - 36 espécies, Kanneliya - 22 espécies, Nilgala - 6 espécies e Ritigala - 9 espécies). No entanto, com base nos resultados do GC-MS e nas caraterísticas organolépticas, foram selecionadas 20 espécies para um estudo pormenorizado a incorporar na tese de doutoramento do Dr. H.D.Weeratunge, o coautor deste livro. O presente livro baseia-se apenas no trabalho efectuado sobre as espécies de canela selvagem encontradas durante a exploração.

G.A.S.Premakumara
Universidade de Colombo, Sri Lanka
H.D.Weeratunge
Instituto de Tecnologia Industrial, Sri Lanka

Sobre os autores

G.A.S.Premakumara PhD é Professor de Ciências Básicas no Departamento de Ciências Básicas e Ciências Sociais da Universidade de Colombo, Sri Lanka. É um biólogo químico com formação pós-doutoral em bioquímica da nutrição e biotecnologia alimentar saudável. Iniciou a sua carreira de investigação trabalhando em produtos naturais marinhos bioactivos e, mais tarde, interessou-se por plantas medicinais e aromáticas. Interessa-se também por plantas alimentares florestais subutilizadas, pela descoberta de moléculas líderes de medicamentos, nutracêuticos e cosmecêuticos a partir da natureza. Tem mais de 400 publicações e comunicações de investigação, vários livros e capítulos de livros publicados em editoras internacionais de renome. Como académico de renome, orientou 13 doutoramentos, vários estudantes de mestrado e mestrado em produtos naturais funcionais e disciplinas relacionadas. Tem uma licenciatura em Química e Biologia e é um ex-aluno internacional do HEJ Research Institute of Chemistry, Universidade de Karachi, Paquistão, e foi académico visitante da Faculdade de Ciências e Engenharia da Southern Cross University da Austrália. Foi professor investigador e Diretor-Geral do Instituto de Tecnologia Industrial (CISIR) do Sri Lanka e é atualmente Presidente do Conselho de Administração do Instituto de Tecnologia Industrial.

H.D. Weeratunge PhD é um investigador sénior no Instituto de Tecnologia Industrial (CISIR) do Sri Lanka. Possui uma licenciatura (especial) em Química pela Universidade de Colombo, Sri Lanka, uma licenciatura em Química pelo Instituto de Química, Sri Lanka, e um mestrado em Ciências Farmacêuticas pela Universidade de Greenwich em Medway, Reino Unido. Obteve o seu doutoramento em Química de Produtos Naturais com o título "Investigação sobre fragrâncias naturais e outros voláteis da flora do Sri Lanka e suas aplicações industriais" na Universidade de Colombo, Sri Lanka, em 2021. Durante a sua carreira de investigação, publicou 2 patentes e 46 publicações e comunicações de investigação e 12 publicações de bancos de genes. É também professor convidado de "Técnicas cromatográficas" na Faculdade de Medicina da Universidade de Ruhuna, no Sri Lanka, professor convidado de "Especiarias" no Instituto de Química do Ceilão e professor convidado de "Perfumaria e cosméticos" na Faculdade de Tecnologia da Universidade de Sri Jayewardenepura, no Sri Lanka. O presente livro é sobre o seu trabalho de doutoramento sobre espécies selvagens de canela do Ceilão no Sri Lanka.

CAPÍTULO 1

Introdução aos óleos essenciais do Sri Lanka e ao óleo essencial Indústria

1.1 Óleos essenciais

Os óleos essenciais ou óleos voláteis são uma mistura heterogénea de compostos produzidos por organismos vivos, que dão um odor caraterístico em relação aos compostos voláteis disponíveis (Wijesekera et al., 1993). Os óleos essenciais ocorrem principalmente em plantas aromáticas e muito poucos são encontrados em fontes animais como o almíscar, a civeta e o cachalote ou em alguns microrganismos (Ellis, 1960). No entanto, a maior parte dos óleos essenciais de origem vegetal estão disponíveis no comércio. Os OEs estão localizados no citoplasma de certas secreções celulares vegetais, que se encontram nas células epidérmicas, nos pêlos secretores, nas células secretoras internas e nas bolsas secretoras (Fahn, 1979). Estes óleos são misturas heterogéneas, que podem ser constituídas por 15 a 20 compostos ou por misturas mais complexas que contêm cerca de 300 compostos com peso molecular até 300 Da. O termo óleo essencial foi definido como o óleo volátil obtido por destilação a vapor de material vegetal. No entanto, esta definição pretende fazer uma distinção entre o óleo gordo e os óleos que são facilmente volatilizados. Os óleos essenciais são quimicamente diferentes dos óleos fixos, que são ésteres de glicerol, e as suas propriedades físicas também são diferentes das dos óleos fixos. Os óleos essenciais são extraídos principalmente por destilação a vapor, enquanto os óleos fixos são extraídos por expulsão ou por extração com solventes (Panda, 2005). Além disso, os óleos essenciais são também extraídos por outros processos, como a hidrodestilação, a expressão, a extração com solventes, a enfleurage e a extração com fluido supercrítico (SFE) (Baser & Buchbauer, 2010).

1.2 Química do óleo essencial

Os constituintes dos óleos essenciais consistem em compostos voláteis pertencentes principalmente a duas classes distintas, incluindo os terpenos e os fenilpropanóides. Além disso, os compostos terpénicos são compostos de hidrocarbonetos orgânicos que podem ser divididos em duas categorias principais: hidrocarbonetos (monoterpenos e sesquiterpenos) e terpenóides. Os terpenóides são os compostos derivados dos terpenos com os átomos adicionais que sofreram oxidação ou arranjo. Em geral, os terpenóides apresentam-se sob a forma química de álcool, éter, aldeído, cetona, fenóis e ésteres (Baser, Demirci, 2007)

Os terpenóides são o grupo mais importante de produtos naturais no que diz respeito aos óleos essenciais. A maioria deles tem uma vasta gama de actividades biológicas e é utilizada para fins medicinais devido às suas propriedades químicas. O fármaco antimalárico "Artemisinina" e o fármaco anticancerígeno "Taxol" são dois exemplos de aplicações médicas estabelecidas dos terpenóides (Wang & Well, 2006). Além disso, os terpenóides são amplamente utilizados em formulações de aromas e fragrâncias. Os monoterpenos e os monoterpenóides são constituintes bem conhecidos dos aromas e das fragrâncias devido às suas propriedades químicas únicas (Lawrence, 1985). Por conseguinte, os terpenos e os terpenóides desempenham um papel importante no domínio dos alimentos, dos perfumes, dos medicamentos, dos cosméticos, das hormonas, das vitaminas, etc. Os terpenos, os sesquiterpenos e os fenilpropenos são produzidos a partir da via de biossíntese do metil-eritritol, da via de biossíntese do mevalonato e da via de biossíntese do ácido chiquímico, respetivamente. O esquema geral da via de biossíntese é apresentado na Figura 1.1. A glucose é produzida pela fotossíntese das plantas na presença de dióxido de carbono e água. Em seguida, a glucose produzida é clivada para gerar fosfoenolpiruvato, que é o principal componente dos produtos naturais da família do chiquimato. A descarboxilação do fosfoenolpiruvato dá origem à unidade de dois carbonos do acetato, que é esterificado com a coenzima A para dar acetil CoA. Em seguida, o acetil CoA é carboxilado para dar malonil CoA e o anião deste ataca o éster CoA de um ácido gordo. A autocondensação da acetil CoA dá origem aos policetídeos e aos lípidos (Akhila, 2010). O acetil-CoA é também um ponto de partida para a síntese do ácido mevalónico, que é o principal material de partida para os terpenóides, o que foi estabelecido pela primeira vez por Folkers *et al.* (1959).

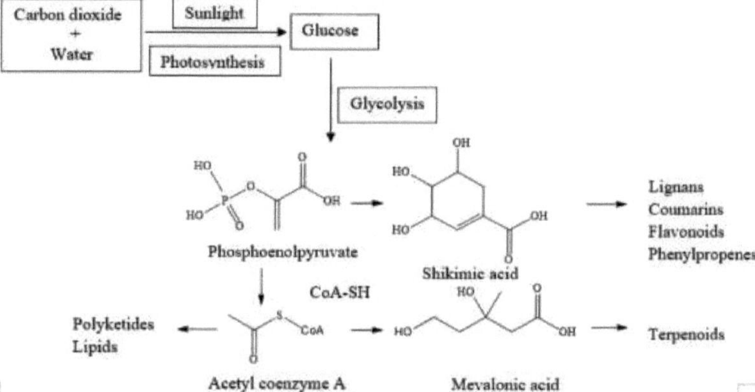

Figura 1.1: Esquema geral da via de biossíntese dos metabolitos secundários.

Os terpenóides são o grupo mais importante de produtos naturais no que diz respeito aos óleos essenciais e é uma classe grande e altamente diversificada de compostos orgânicos naturalmente existentes derivados dos terpenos.

Cerca de 60% de todos os produtos naturais pertencem aos terpenóides. Os terpenóides são derivados de unidades de isopreno (2-metilbutadieno) que são unidas pela cabeça de uma unidade à cauda da outra (Figura 1.2). No entanto, a fusão cabeça-cabeça também está disponível entre os triterpenóides e os carotenóides, enquanto alguns compostos são formados por fusão cabeça-meio, como o B-cariofileno (Wallach, 1887). Estas unidades de isopreno podem ser unidas para formar moléculas lineares, como o farnesol e o geraniol. Além disso, estas unidades de isopreno podem juntar-se para formar uma molécula com estrutura cíclica, como o a-pineno.

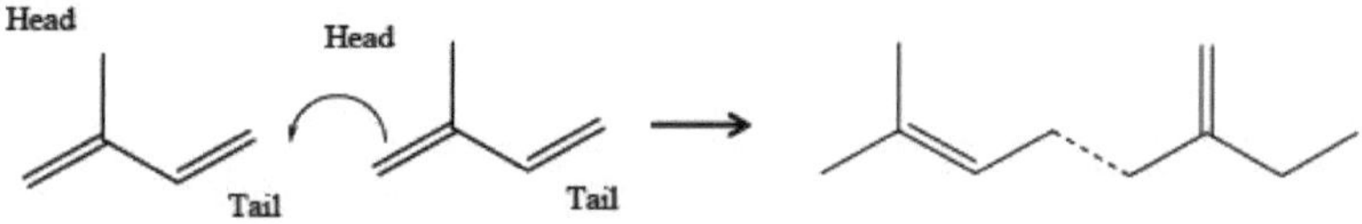

Head Head Tail Tail

Figura 1.2: Acoplamento cabeça-cauda de unidades de isopreno

A fosforilação do ácido mevalónico, seguida da eliminação do álcool terciário e da descarboxilação do grupo ácido adjacente, dá origem ao pirofosfato de isopentenilo (Grochowski *et al.* 2006). Este pode ser isomerizado para formar pirofosfato de prenilo. O acoplamento destas duas unidades C-5 dá origem a uma unidade C-10 chamada pirofosfato de geranilo (GPP) e a adição adicional de pirofosfato de isopenilo levará à formação de unidades de 10, 15, 20 e 30 carbonos de terpenóides (Figura 1.3). Por conseguinte, os terpenóides contêm sempre múltiplos de cinco átomos de carbono, sendo os compostos mais pequenos com cinco átomos de carbono conhecidos como hemiterpenóides (Haagen-Smith, 1948). Os monoterpenóides, sesquiterpenóides e outros terpenóides são classificados de acordo com o número de unidades C-5 disponíveis nos compostos (Tabela 1.1).

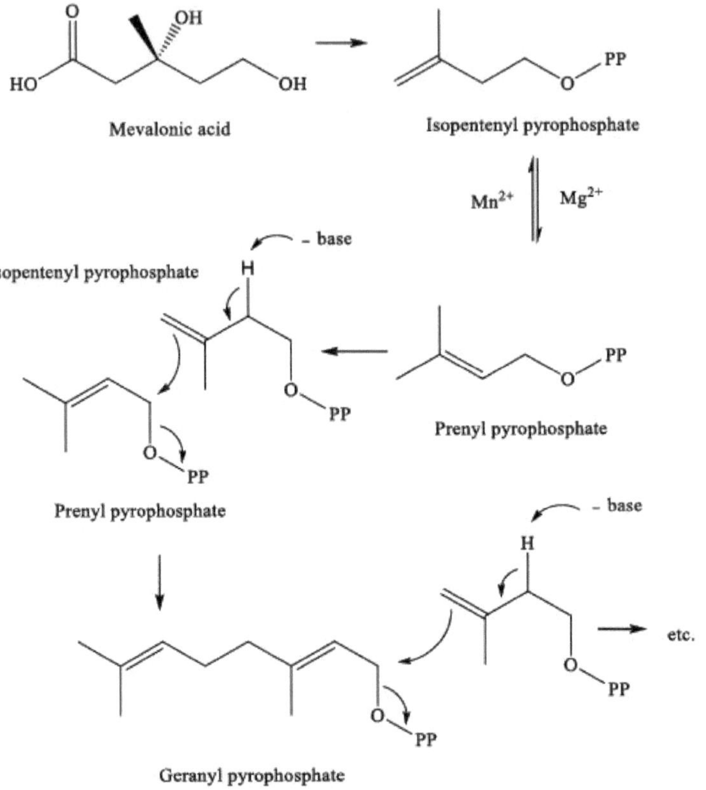

Mevalonic acid

Isopentenyl pyrophosphate

Mn^{2+} Mg^{2+}

Isopentenyl pyrophosphate

Prenyl pyrophosphate

Prenyl pyrophosphate

Geranyl pyrophosphate

Figura 1.3: Acoplamento de unidades C5 na biossíntese de terpenóides

Tabela 1.1: Classificação dos terpenóides.

Classe	Número de unidades de isopreno	Átomos de carbono	Exemplos
Monoterpe	2	10	Camphor Eucalyptol Thymol A-Pinene
Sesquiterpeno	3	15	β-Santalo Khusimol
Diterpeno	4	20	Phytol
Sesterpeno	5	25	Bilosespene
Triterpeno	6	30	Saponins
Tetraterpeno	8	40	β-Carotene

Em geral, apenas os monoterpenóides e os sesquiterpenóides são suficientemente voláteis para serem componentes do óleo essencial. Por conseguinte, neste capítulo serão abordados os compostos monoterpenóides e sesquiterpenóides.

Monoterpenos:

Os monoterpenos são muito comuns em todos os óleos essenciais e têm uma estrutura de 10 átomos de carbono com a fórmula geral $C_{10}H_{16}$. O esqueleto básico destes compostos é derivado de duas unidades de isopreno, normalmente unidas de cabeça a cauda. Estas unidades de isopreno passam pelo processo de ciclização e rearranjo para formar substâncias monoterpénicas como o linalol, o geraniol, o farnesol e substâncias mais pesadas até aos carotenóides. Incluem tipos acíclicos, monocíclicos, bicíclicos e tricíclicos. Muitos deles ocorrem em plantas superiores como hidrocarbonetos, mas também existem como álcoois, aldeídos, cetonas, éteres, lactonas, óxidos e peróxidos. Alguns tipos excepcionais de compostos monoterpenos, como as cetonas *de Artemisia*, estão disponíveis na natureza (Bilia et al, 2014).

Os monoterpenos são comuns em famílias de plantas superiores, incluindo Labiatea (manjericão, sálvia), Gramineae (erva-limão, citronela), Lauraceae (espécies de canela), Umbelliferae (anis, angélica) e Myristicaceae (noz-moscada, maça) (Guenther, 1948). A nota mais elevada da fragrância do óleo de casca, folha e raiz de canela do Ceilão deve-se a vários terpenos, como o a-pineno, ʙ-pineno, a- felandreno, a-terpineno, d-limoneno, eucaliptol, a-terpineol, *p-cimeno*, linalol e cânfora. O primeiro estudo de sempre sobre a biossíntese de terpenóides voláteis da *Cinnamomum zeylanicum* Blume (canela do Ceilão) foi efectuado por dois cingaleses, Senanayake e Wijesekera, em 1977. Verificou-se que a via normal do ácido mevalónico estava a funcionar na planta da canela durante a biossíntese de compostos terpenóides. Além disso, o estudo confirmou que todas as partes da planta da canela do Ceilão são capazes de sintetizar terpenóides voláteis, enquanto a casca da raiz é o local predominante para a síntese de terpenóides. A biossíntese de terpenóides foi estudada por vários investigadores, mas o maior avanço no estudo da biossíntese foi a descoberta do ácido mevalónico (MVA) por Wolf *et al.* em 1956. Além disso, o MVA foi identificado como o precursor específico para a biossíntese de terpenóides e esteróides (Tavormina *et al.* 1956). Geralmente, o MVA é convertido em pirofosfato de isopentenilo (IPP) e pirofosfato de dimetilalilo (DMAPP), que são considerados como isopreno ativo (Braithwaite e Goodwin, 1957; Park e Bonner, 1958). O IPP e o DMAPP reagem para formar pirofosfato de geranilo (GPP), que pode isomerizar-se em pirofosfato de nerilo (NPP) (Ruzicka, 1953; Goodwin, 1965). Tanto a GPP como a NPP dão origem aos monoterpenos acíclicos e cíclicos, respetivamente, de acordo com a Figura: 1.4a (Loomis, 1967). No entanto, assume-se geralmente que o GPP é o precursor imediato de todos os monoterpenos (Goodwin, 1965). A principal investigação na determinação da estrutura dos terpenos das plantas foi publicada por Ruzicka (1953), que foi designada como regra do "isopreno biogenético". De acordo com esta regra, certos terpenos acíclicos ou iões de carbono podem ser condensados por mecanismos iónicos ou de radicais livres para formar monoterpenos mono, bi e tricíclicos (Figura 1.4b). Além disso, a ciclização do NPP conduz ao ião 1-p-menteno-8-carbono, que é o ião precursor da maioria dos terpenos acíclicos.

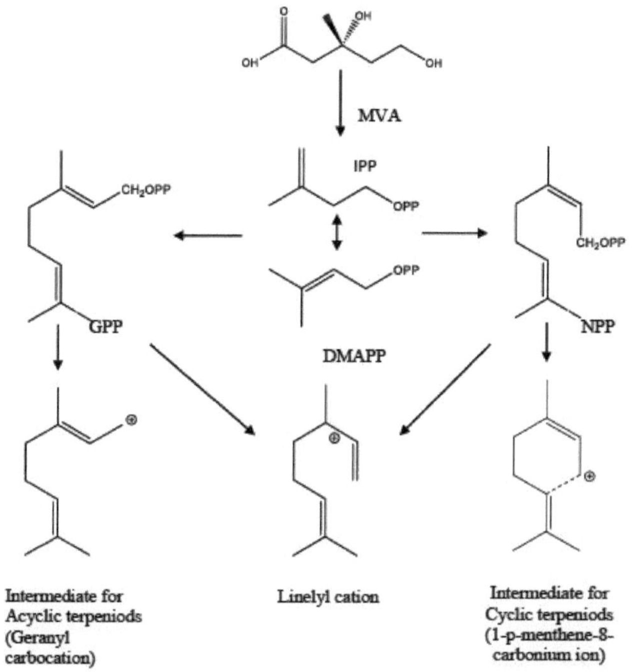

Intermédio para terpeníodos acíclicos (carbocátion geranilo) Catião linílico Intermédio para terpeníodos cíclicos (ião 1-p-menteno-8-carbono)

Figura 1.4a: Biossíntese de intermediários terpenóides

Além disso, Senanayake (1977) demonstrou que os óleos da casca de canela contêm vários terpenos, incluindo terpenos acíclicos como a cânfora e o linalol, e são biossintetizados a partir de MVA, que passam pelo esquema de Ruzicka.

Os mecanismos de biossíntese dos monoterpenos cíclicos e acíclicos requerem a isomerização preliminar do catião geranilo num catião linalilo, que pode sofrer ciclização (Degenhardt, et al. 2009). A formação dos monoterpenos acíclicos, linalol, mirceno e ocimeno, pode ser sintetizada através do catião geranilo ou do catião linalilo. No entanto, a produção da espécie cíclica inicial, o catião a-terfenilo, conforme a Figura 1.5, conduz à ciclização secundária para produzir monoterpenos cíclicos, como o a-terpeneno, o a-felandreno, o B-felandreno e o limoneno.

Alguns dos hidrocarbonetos monoterpenóides mais comuns são apresentados na Figura 1.6 (Bauer, 1990). A ocorrência de monoterpenos aromáticos (*p-Cimeno*, timol e carvacrol) com monoterpenos do tipo ciclo-hexadieno (Y-Terpineno e a-felandreno) é comum em alguns óleos essenciais. Além disso, *o p-cimeno* é um dos compostos mais estáveis do óleo essencial e pode ser facilmente formado por aromatização do Y-terpineno ou a-phellandrene (Poulose e Croteau, 1978; Bohlmann, 1998). Os ocimenos existem em três isómeros, incluindo o a-ocimeno, o B-ocimeno e o alo-ocimeno. O B-ocimeno é o mais frequente e recomendado para utilização em fragrâncias (Javzmaa, Altantsetseg, Shatar, Amarjargal, 2017). Ocorre normalmente no óleo de lúpulo, manga, nerol, etc. Tanto o a-felandreno como o B-felandreno ocorrem amplamente em óleos essenciais, especialmente o óleo de casca de canela do Ceilão contém esses compostos como compostos principais na fração terpénica.

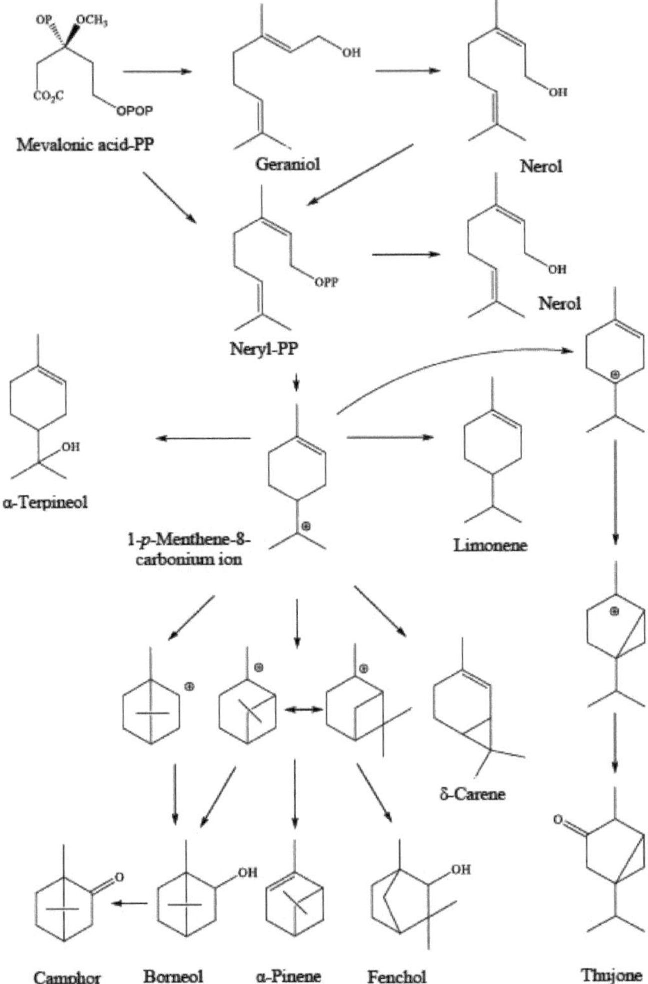

Figura 1.4b: Mecanismo iónico na biossíntese de monoterpenos

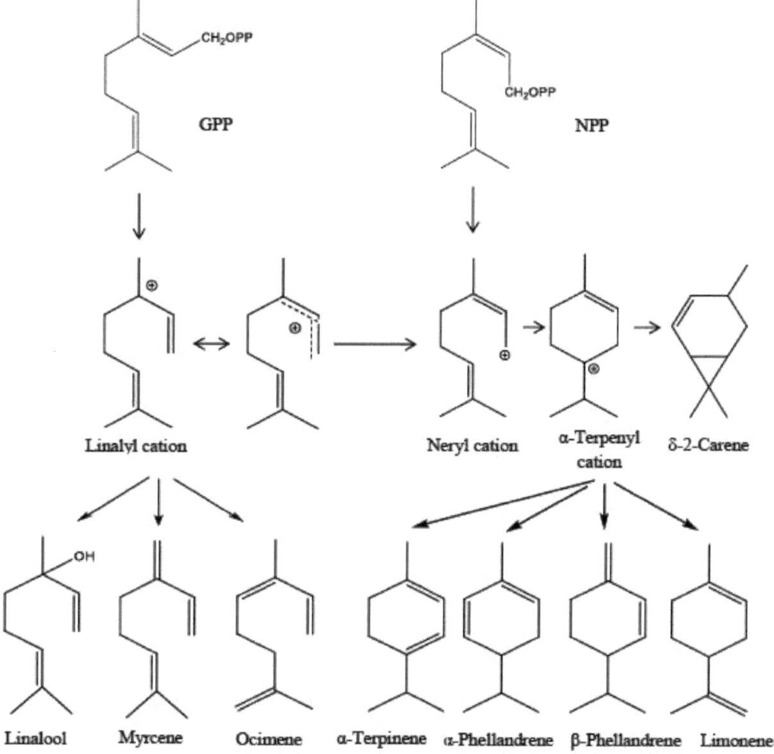

Linalol Mirceno Ocimeno-Terpineno "-Phellandrene в-Phellandrene Limoneno

Figura 1.5: Biossíntese de monoterpenos acíclicos e cíclicos

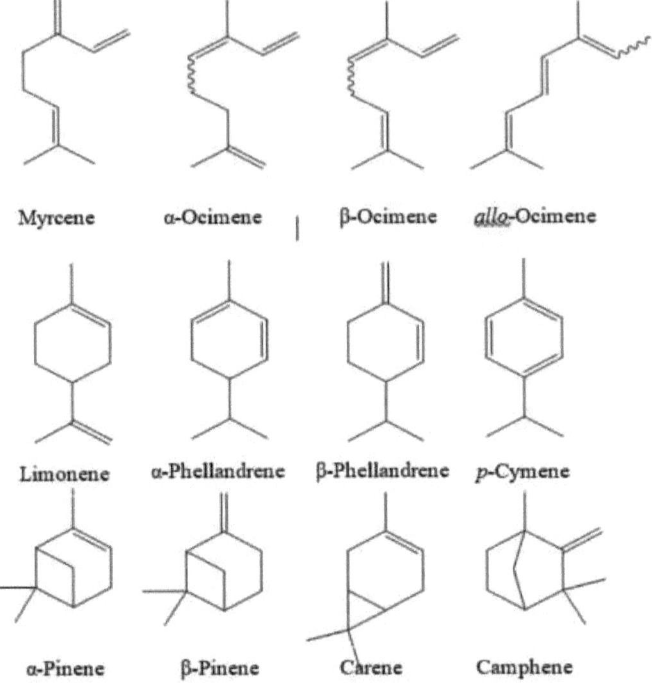

Figura 1.6: Alguns dos hidrocarbonetos terpenóides mais comuns

O óleo de noz-moscada contém a-pineno e в-pineno em concentrações mais elevadas. O canfeno também é comum na natureza, especialmente nos óleos essenciais da família das zingiberáceas (Paranagama, 1991).

Os monoterpenos apresentam-se sob a forma de álcoois, cetonas, aldeídos e éteres. Os principais álcoois monoterpenóides acíclicos são novamente derivados do pirofosfato de geranilo. Em geral, o geraniol, o (*E*)-3,7-dimetilocta- 2,6-dienol e o seu isómero geométrico, o nerol, são produzidos por hidrólise simples do pirofosfato de geranilo através da via do mevalonato, mas em algumas plantas sabe-se que o geraniol é sintetizado através da via do não-mevalonato (Luan e Wust, 2002). Ambos os isómeros ocorrem numa vasta gama de óleos essenciais, sendo o geraniol particularmente comum. O geraniol ocorre principalmente na palmarosa numa gama de 53 - 83 % (Dubey e Luthra, 2001; Raina *et al.* 2003), o gerânio rosa contém cerca de 13% (Boukhatem, 2013) e a citronela de Java contém cerca de 20% (Jayawardene, 1978).

As fontes naturais mais ricas em nerol incluem a rosa, a palmarosa, a citronela e a davana, embora o seu nível nestas espécies se situe normalmente apenas no intervalo de 10-15%. A citronela e espécies relacionadas são utilizadas comercialmente como fontes de geraniol (Wijesekera, 1973), mas o preço é muito mais elevado do que o do material sintético. O citronelol é um di-hidro-geraniol e ocorre amplamente na natureza em ambas as formas enantioméricas. A rosa, o gerânio e a citronela são os óleos com os níveis mais elevados de citronelol. O geraniol, o nerol e o citronelol, juntamente com o 2-feniletanol, são conhecidos como os álcoois de rosas, responsáveis pelo odor caraterístico de rosa no óleo de rosas (Dobreva, 2013).

A hidrólise alílica do pirofosfato de geranilo produz linalol, que se encontra amplamente presente na natureza (Figura 1.7a). Material vegetal como a folha de Ho, a madeira de rosa, os coentros e a casca de Kaparu kurndu são ricos em linalol (Guenther, 1969; Wijesekera e Jayawardene, 1974). Uma combinação de linalol e acetato de linalilo dá um odor a lavanda que tem grande procura em todo o mundo em perfumes e outras indústrias relacionadas (Bialon, 2019). a-terpineol, terpinen-4-ol, mentol, borneol, isoborneol, isopulegol e timol são os outros álcoois monoterpenóides cíclicos comuns disponíveis nos óleos essenciais (Figura 1.7b).

Existem cetonas monoterpinóides nos óleos essenciais, incluindo a cânfora, a fenchona, a piperitona, a mentona, a isomentona e a pulegona (Figura 1.8). A cânfora existe em ambas as formas enantioméricas na maioria dos óleos de raízes de espécies de *Cinnamomum*, incluindo *Cinnamomum zeylanicum* (Wijesekera et al. 1974; Guenther, 1969). É também um importante contribuinte para o odor dos óleos de lavanda, alecrim e sálvia (Bialon, 2019; Hcini, 2013; Abu-Darwish, 2013). A fenchona contribui principalmente para o odor do óleo de sementes de funcho (Saharkhiz e Tarakeme, 2011).

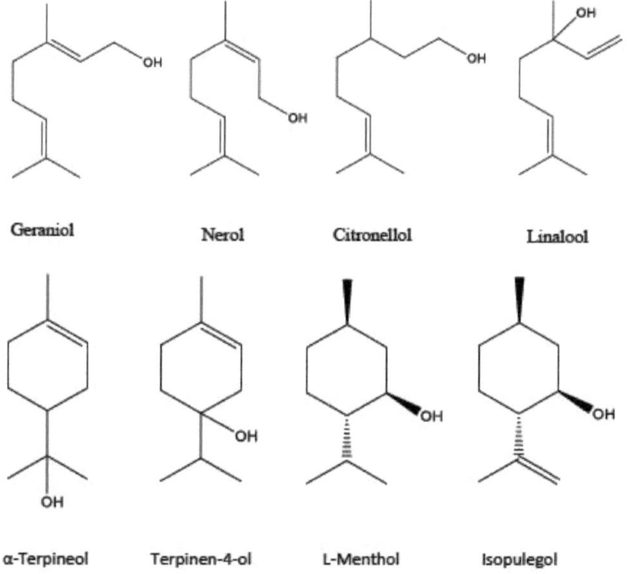

Figura 1.7a: Álcoois monoterpenóides acíclicos comuns

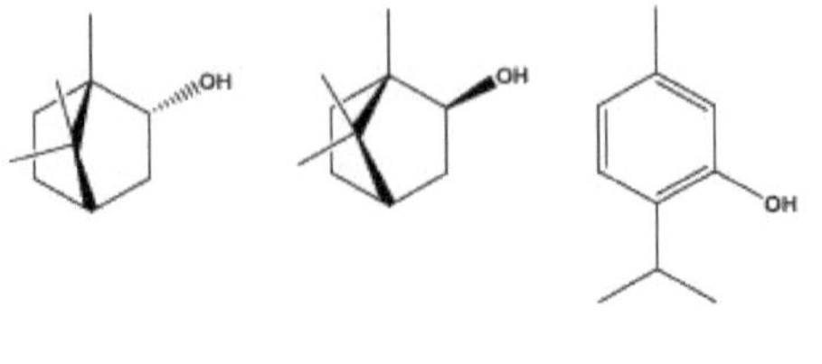

Borneol Isoborneol Thymol

Figura 1.7b: Álcoois monoterpenóides cíclicos comuns

(-)-L-Carvone (+)-L-Carvone L-Menthone D-Isomenthone

(+)- pulegone (-)-Piperitone Camphor Fenchone

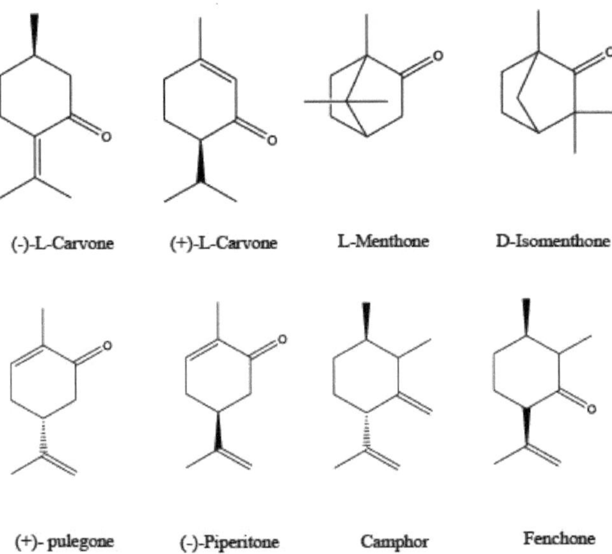

Figura 1.8: Cetonas monoterpenóides comuns

O citral e o citronelal são os dois aldeídos monoterpénicos mais importantes presentes nos óleos essenciais. O citral ocorre amplamente na natureza e existe principalmente em duas formas isoméricas, geranial (Citral A) e neral (Citral B) (Figura 1.9). Tanto o citral A como o B ocorrem no óleo de erva-limão como citral total na ordem dos 75 - 90% (Jayasinha, 1999). Normalmente, estes dois isómeros existem na gama de 40:60 a 60:40. Estes dois compostos são os responsáveis pelo cheiro a limão do óleo de erva-cidreira. O citronelal também ocorre amplamente em óleos essenciais e é utilizado em formulações de perfumaria (Panda, 2003).

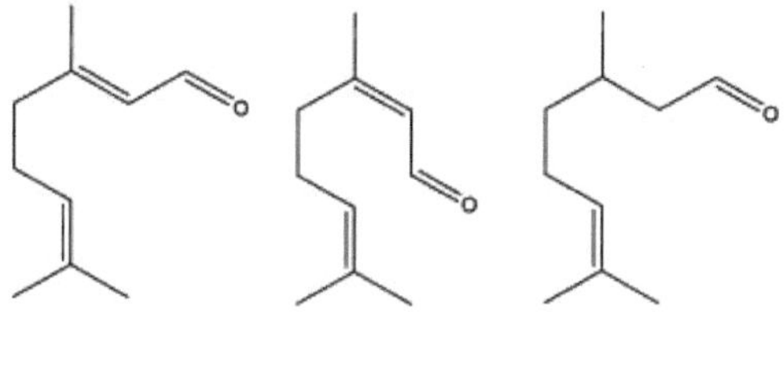

Figura 1.9: Alguns aldeídos monoterpenóides

O éter monoterpeno mais comum é o 1,8-cineol, que é extraído principalmente da folha de *Eucalyptus globulus* (Shiferaw, 2019). Existem outros éteres monoterpénicos, como o mentofurano (Nilofer, 2020) e o óxido de rosa, disponíveis na natureza (Figura 1.10).

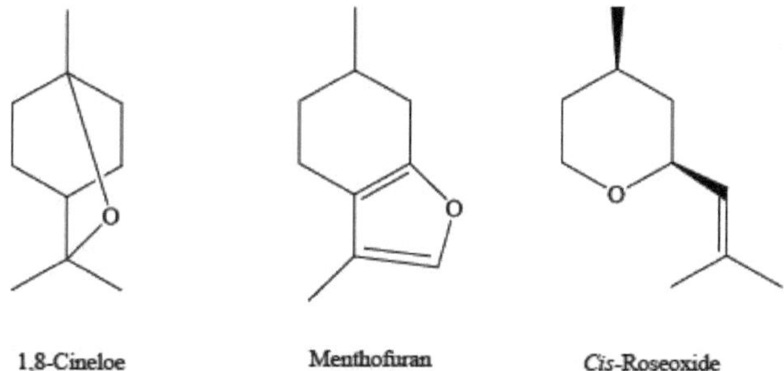

Figura 1.10: Alguns éteres monoterpenóides

Sesquiterpenos:

O esqueleto básico dos sesquiterpenos é constituído por 15 átomos de carbono. Por conseguinte, têm volatilidades mais baixas e, consequentemente, pontos de ebulição mais elevados em comparação com os monoterpenos. Por conseguinte, alguns destes compostos actuam como notas intermédias e finais em óleos essenciais, mantendo uma baixa pressão de vapor e não contribuindo muito para o odor do óleo essencial. No entanto, os sesquiterpenos são uma classe de compostos muito importante no óleo essencial devido à sua propriedade fixadora que retarda a volatilidade do monoterpeno. Por conseguinte, os sesquiterpenos são muito importantes para manter a retenção de qualquer tipo de óleo essencial (Zviely, 2013).

O farnesol é o precursor de todos os sesquiterpenos e a maior parte destes compostos sesquiterpénicos são formados por três unidades de isopreno ligadas entre si. O pirofosfato de farnesilo é sintetizado através da reação de precursores de monoterpiniodes, pirofosfato de geranilo e pirofosfato de isopentenilo, como se mostra na Figura 1.3. A hidrólise do composto resultante, o pirofosfato de farnesilo, forma farnesol e nerolidol. No entanto, o pirofosfato de farnesilo apresenta-se em dois isómeros esteróides, o pirofosfato de (Z,E)-Farnesilo (pirofosfato *de cis-Farnesilo*) e o pirofosfato de (E,E)-Farnesilo (pirofosfato *de trans-Farnesilo*) (Nicholas, 1973). De acordo com a Figura 1.11, o (Z,E)-Farnesil pirofosfato pode formar um carbocátion que dá origem a muitos sesquiterpenos, incluindo bisabolol, a-santalol, B-santalol, khusimol, etc. (Jones et al., 2011). Além disso, o (E,E)-Farnesil pirofosfato é responsável por compostos como a-vetivona, B-vetivona, a-patchoulane, B-patchoulane, álcool de patchouli e um álcool sesquiterpeno muito raro, como o álcool de cariofeleno, como mostra a Figura 1.12 (Frister et al. 2015).

A maioria dos óleos essenciais comercialmente importantes contém um certo número de sesquiterpenos que são importantes para o perfil geral da fragrância desses óleos. Os óleos de sândalo e de vetiver são bons exemplos destes óleos comercialmente importantes; estes têm sido utilizados na perfumaria desde a antiguidade (Ansari e Curtis, 1974). Os santalóis (a- e в-santalol) são os principais compostos sesquiterpénicos do óleo de sândalo com uma estrutura mais complexa (Subasinghe, 2013). O santalol é responsável pela nota amadeirada doce do óleo de sândalo. Além disso, o a-santaleno e o в-santaleno são dois sesquiterpenos no óleo de sândalo responsáveis pelo perfil de aroma amadeirado doce do óleo. O khusimol, a-vetivona e в-vetivona são os principais sesquiterpenos no óleo de vetiver (Champagnat et al, 2006; Mallavarapu *et al.*, 2012). O cedrol é outro álcool sesquiterpeno complexo encontrado na família Juniperus (Tunalier, 2002). Além disso, o cedrol, o в-cedreno e o thujopseno são sesquiterpenos que ocorrem principalmente na madeira de cedro como fragrância valiosa (Huaping *et al.* 2011). O principal ingrediente do óleo de patchouli é o álcool de patchouli, que é um álcool sesquiterpeno. O óleo de patchouli tem um valor de fragrância muito único como nota de base em formulações de perfumaria devido à presença de compostos sesquiterpénicos como o в-patchoulene e o álcool de patchouli (Anonis, 2007). Além disso, o cariofeleno e o a-humuleno estão amplamente difundidos na natureza, especialmente em óleos de especiarias, incluindo óleo de pimenta, óleo de cravo e óleo de casca de canela (Paranagama, 1991; Wijesekera *et al.*, 1974). Além disso, os álcoois isoméricos nerolidol e farnesol são sesquiterpenos importantes para a perfumaria. O nerolidol foi isolado pela primeira vez do óleo de neroli e está disponível em quantidades consideráveis no óleo de jasmim, citronela e pimenta, o que explica o seu odor suave e floral amadeirado, ligeiramente verde. Além disso, o nerolidol é relatado no óleo essencial de *Pogostemon heyneanus* (Kollan kola) que cresce no Sri Lanka (Dharmadasa *et al.* 2014). a-Bisabolol é o sesquiterpeno mais simples entre os álcoois sesquiterpenóides cíclicos. O óleo de camomila é uma das fontes mais ricas de a-bisabolol, que tem um ligeiro odor floral (Repcak, *et al.* 1980). O longifoleno é outro ingrediente de fragrância importante na indústria da perfumaria, especialmente abundante na terebintina indiana (Zavarin *et al.*, 1968). O elemol é outro álcool sesquiterpénico que tem um odor suave e doce a madeira com um tom quase floral. É um fixador útil na indústria dos perfumes. Os compostos de eudesmane são o maior grupo sesquiterpénico derivado da ciclização do farnesil pirofosfato. O в-Eudesmol e o a-selineno são dois compostos sesquiterpénicos com um odor doce, amadeirado e quente na indústria da perfumaria. Além disso, a nootkatona e o valenceno são outros sesquiterpenos importantes utilizados na indústria da perfumaria devido ao seu odor doce e cítrico extremamente poderoso (Ansari e Curtis, 1974).

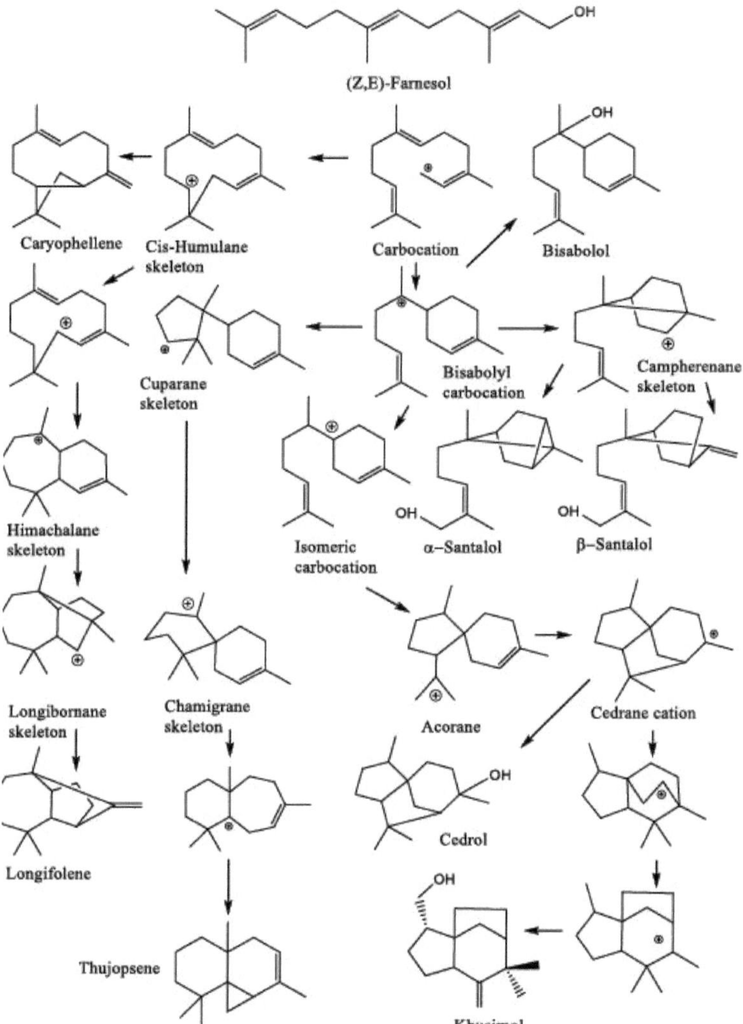

Figura 1.11: Algumas vias biossintéticas do (Z,E)-farnesol

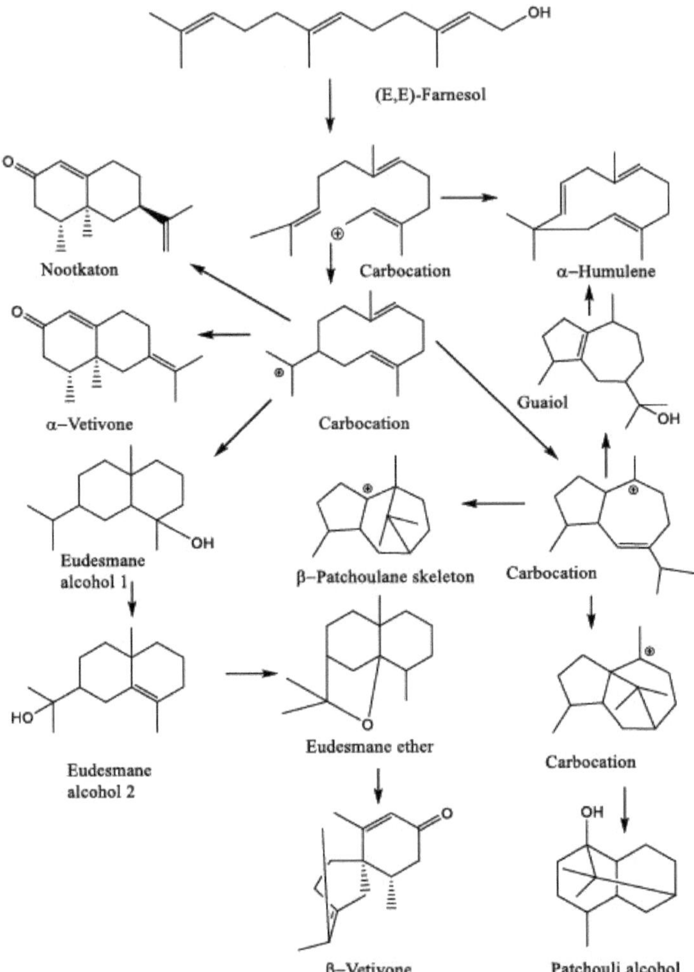

Figura 1.12: Algumas vias biossintéticas do (E,E)-farnesol

Fenilpropenos (derivados do benzeno):

Os compostos de fenilpropeno são um grupo de compostos aromáticos voláteis, como o cinamaldeído, o eugenol e o safrol. O esqueleto destes compostos é constituído por um anel de benzeno e uma cadeia lateral C-3. Pode haver vários grupos de substituição e a cadeia lateral com insaturação (Figura 1.13).

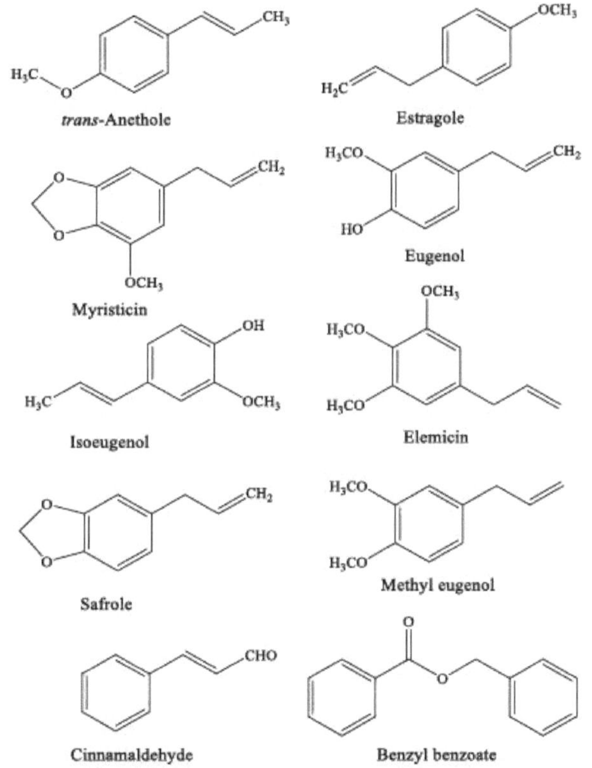

trans-Anethole — Estragole — Myristicin — Eugenol — Isoeugenol — Elemicin — Safrole — Methyl eugenol — Cinnamaldehyde — Benzyl benzoate

Figura 1.13: Estruturas químicas de fenilpropenos comuns

Os fenilpropenos são principalmente utilizados nas plantas para os seus mecanismos de defesa e de comunicação inter-espécies. Por conseguinte, alguns fenilpropenos são tóxicos para animais e microrganismos (Gang *et al.* 2001), ao passo que alguns desses compostos são emitidos por plantas com flores como valiosos compostos de fragrância para servirem de atractivos para insectos polinizadores (Pichersky *et al.* 2006). Por conseguinte, os fenilpropenos são compostos voláteis importantes em perfumes, aromatizantes, conservantes e anti-sépticos em geral. O composto-chave na biossíntese dos fenilpropenos foi reconhecido como ácido chiquímico (Figura 1.1). Foi isolado pela primeira vez da planta *Illicium religiosum* Sieb., onde o nome ácido chiquímico foi derivado devido ao nome japonês desta planta; Shikimi-no-ki (Bohm, 1965). A via do ácido chiquímico foi estabelecida principalmente por Davis (1958) e Sprinson (1960). Além disso, Davis (1951) descobriu as principais vias biossintéticas para produzir cinco compostos aromáticos, incluindo a fenilalanina, a tirosina, o triptofano, o ácido *p-aminobenzóico* e o ácido *p-hidroxibenzóico* através de um único composto, o ácido chiquímico. Tanto o cinamaldeído como o eugenol são formados na via do ácido chiquímico que conduz à lenhina. Birch (1963) sugeriu que a redução em duas etapas da cadeia lateral do ácido ferúlico formará álcool coniferílico e, posteriormente, a eliminação do grupo hidroxilo na cadeia lateral e o rearranjo da ligação dupla conduzirão ao eugenol (Figura 1.14). No entanto, o ponto exato de formação destes compostos não é claro nessa altura.

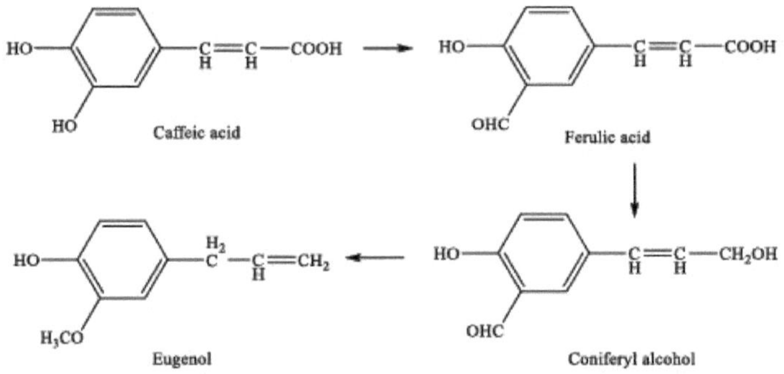

Figura 1.14: Biossíntese do eugenol sugerida por Birch (1963)

Por conseguinte, o primeiro estudo de sempre sobre a biossíntese de fenilpropenos relacionados com os óleos de canela foi efectuado por Senanayake et al em 1977. O estudo confirmou que o ácido chiquímico e os compostos relacionados são precursores efectivos dos fenilpropanóides entre os constituintes voláteis da canela. Além disso, a desaminação da fenilalanina em ácido cinâmico foi considerada uma etapa importante para produzir fenilpropanóides na biossíntese dos fenilpropanóides relacionados com os óleos de canela (Figura 1.15).

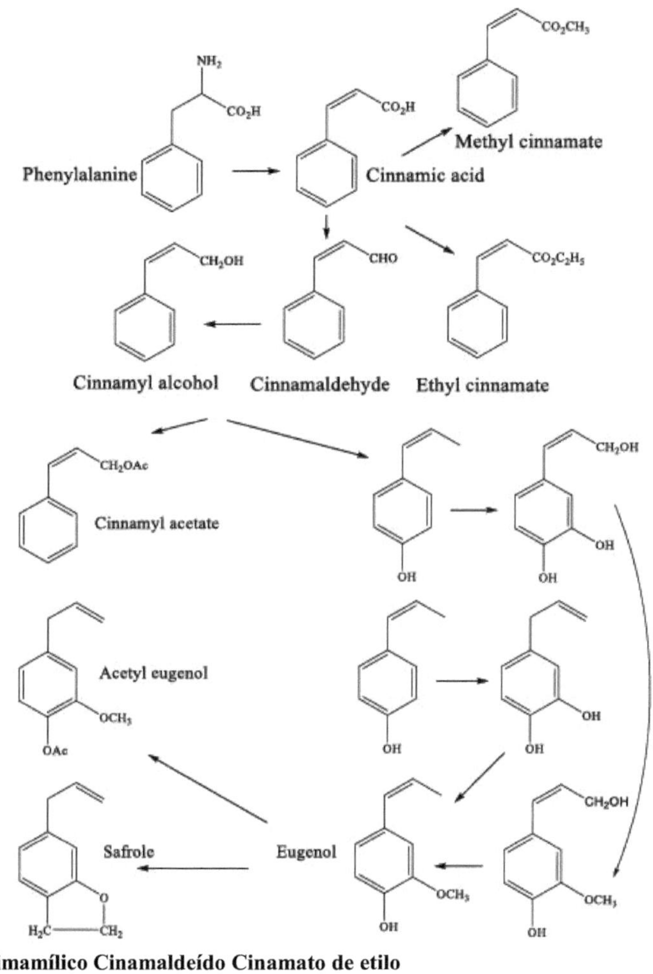

Álcool ciimamílico Cinamaldeído Cinamato de etilo
Figura 1.15: Biossíntese dos fenilpropanóides

1.3 Técnicas de extração de óleos essenciais

Os métodos de extração de óleo essencial são vários, incluindo a destilação a vapor, a hidrodestilação, a expressão, a extração por solvente, a enfleurage, a extração por micro-ondas e a extração por fluido supercrítico (SFE). A destilação a vapor é a técnica que a maioria das indústrias está a praticar e é o método comercialmente mais viável (Wijesekara, *et al.* 1997). No entanto, há alguns casos em que a destilação em água é importante para extrair óleos essenciais de plantas com baixo teor de óleo essencial, como o gengibre e a madeira de ágar (Pieris, 1982; Pornpunyapat, *et al.* 2011).

Destilação de água

O princípio da destilação da água consiste em ferver a água imersa no material, que ferve a uma temperatura ligeiramente inferior a 100° C, de acordo com a lei de Roault. Em seguida, o óleo volátil e a água, que são líquidos imiscíveis, condensam através de um condensador e são separados em duas camadas no separador. No processo de destilação da água, o material vegetal entra em contacto direto com a água e a água evaporada não regressa ao alambique, pelo que, durante o processo de destilação, o nível da água desce e o material vegetal sobreaquece. Quando isto acontece, dependendo do tipo de material vegetal e da quantidade de material vegetal, formam-se notas estranhas que estragam o stock de óleo essencial recebido durante o processo. Normalmente, os óleos essenciais recebidos de material vegetal sobreaquecido são de cor escura. No entanto, este problema pode ser atenuado se o material for produzido em pó e se for mantida água em excesso no alambique durante todo o processo de destilação. Além disso, o material vegetal, como a canela, contém um elevado teor de mucilagem, que se desprende facilmente quando a temperatura sobe durante o processo de destilação e torna a mistura mais viscosa, fazendo com que a tendência para o sobreaquecimento seja elevada e permitindo também que fique carbonizada (Baser & Buchbauer, 2010).

Por conseguinte, o sistema de cohobating foi introduzido para ultrapassar os inconvenientes acima referidos e também os materiais vegetais com baixo teor de óleo são beneficiados por este método. O sistema de cohobating só se aplica a sistemas de destilação de água em que o destilado regressa ao alambique durante o processo de destilação, o que facilita a redestilação do óleo essencial eluído com o destilado no sistema e maximiza a recuperação do óleo no separador (Figura 1.16). Por conseguinte, este sistema requer um alambique encamisado onde circula vapor à volta do alambique, que aquece a água no alambique, ou um queimador de gás para aquecer o alambique a partir do fundo do mesmo (Guenther, 1948). Um bom exemplo de um sistema de destilação de água a nível industrial com cohobação é o sistema CISIRILL "Manakoka", que o Ceylon Institute for Scientific and Industrial Research, Ceylon, fabricou especialmente para o óleo de casca de canela do Ceilão (Ratnasingham & Wijesekera, 1973). Geralmente, as unidades de destilação de água estão limitadas a uma capacidade reduzida, com um máximo de 75 kg.

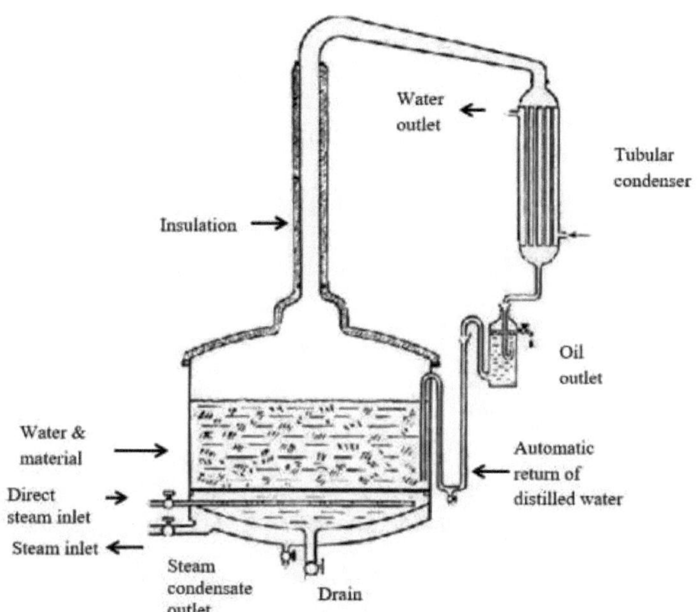

Figura 1.16: Unidade de destilação de óleo essencial com sistema de cohobating (Pharmacy Gyan 2020) No entanto, os alambiques a vapor são concebidos para capacidades até 5000 kg. Por conseguinte, a viabilidade industrial é mais elevada no sistema de destilação a vapor do que no sistema de destilação a água. Por conseguinte, antes de qualquer destilação à escala piloto ou no terreno, recomenda-se a realização de uma destilação de água em pequena escala em laboratório, num aparelho de vidro. O equipamento de laboratório recomendado para qualquer destilação experimental são os sistemas Clevenger modificados como braços de destilação de óleo leve e óleo pesado, que são mostrados nas Figuras 1.17a e 1.17b, respetivamente.

O ensaio laboratorial é o melhor procedimento para descobrir o teor exato de óleo no material, bem como para estudar as alterações da composição química do óleo essencial produzido durante o processo de destilação.

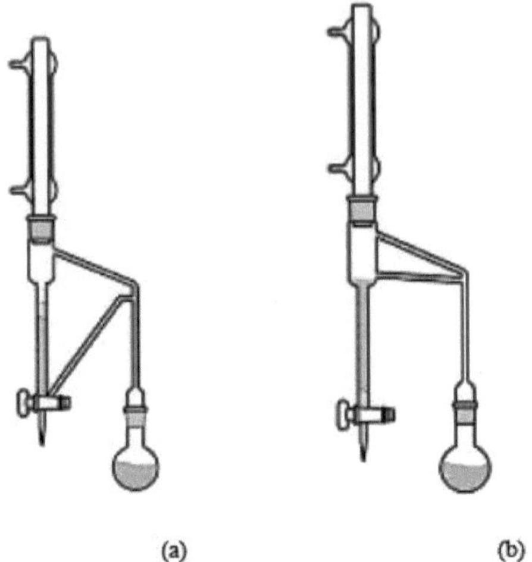

Figura 1.17: (a) Diagrama esquemático do aparelho de Clevenger para óleos leves (b) Diagrama esquemático do aparelho de Clevenger para óleos pesados (Indiamart, 2016)

No entanto, na maioria dos casos, a composição do óleo destilado em água desvia-se em certa medida dos óleos essenciais destilados a vapor a nível comercial. Há várias razões para a qualidade inferior dos óleos essenciais destilados em água, como se indica a seguir;

- Os constituintes do óleo essencial, como os ésteres, são muito sensíveis à hidrólise durante o processo e também os compostos como os monoterpenos acíclicos são susceptíveis de sofrer polimerização devido à redução do pH durante o processo de destilação em água.
- As unidades de destilação de água funcionam em pequena escala e, por conseguinte, a produção é muito baixa em comparação com os sistemas de destilação a vapor.
- O processo de destilação da água requer mais energia para o funcionamento do sistema e também o tempo de destilação é comparativamente longo, pelo que é menos eficiente do que outros processos de destilação.
- Como a eficiência é baixa, é necessário mais tempo para acumular uma quantidade considerável de óleo, o que leva à degradação dos compostos devido à exposição prolongada ao ar e a temperaturas elevadas.

No entanto, as unidades de destilação de água são mais baratas e simples em comparação com as unidades de destilação de vapor e funcionam como uma indústria caseira com um número limitado de trabalhadores e com um custo de funcionamento mais baixo (De Silva, 1995).

Destilação a vapor

Existem dois tipos de processos de destilação a vapor, ou o vapor é gerado dentro do alambique (destilação a vapor e água) ou é gerado por uma caldeira externa (gerador de vapor). A unidade que gera vapor dentro do alambique não tem caldeira externa, mas tem o alambique com uma grelha perfurada onde o material é colocado logo acima da água. Isto reduz a capacidade do alambique mas mantém um óleo de melhor qualidade do que o óleo destilado em água. Este sistema tem algumas vantagens em relação ao sistema de destilação de água. Fornece vapor ao material de uma forma eficaz e aumenta a eficiência do processo de destilação. Além disso, a entrada de cohobating está ligada ao alambique, o que mantém o nível de água constante, alimentando o alambique com água condensada. Por conseguinte, este sistema específico de destilação de vapor e água destina-se a minimizar as perdas de componentes oxigenados, especialmente fenóis que se dissolvem em certa medida no destilado de água. Por isso, a reutilização do condensado permite-lhe saturar com os constituintes dissolvidos, após o que não se dissolverá mais nele. A maioria dos óleos essenciais perde o teor de óleo em menos de 0,2% através da eluição com o destilado, enquanto que para os óleos ricos em fenol, 0,2 a 0,7% do óleo dissolve-se no destilado. Na destilação a vapor e a água, as paredes dos alambiques são bons condutores de calor, onde o calor é transferido para o material vegetal e pode ocorrer a degradação térmica do material vegetal.

No entanto, a destilação a vapor com caldeira externa é o processo mais aceitável para a extração de óleo essencial em grande escala nas indústrias de aromas e fragrâncias. A configuração da destilação a vapor consiste num alambique (onde a matéria-prima para a destilação é embalada), um condensador e separadores. Na maioria das vezes, os alambiques deste tipo de unidades são feitos de material espesso de aço inoxidável para evitar explosões na presença de alta pressão de vapor. Além disso, na maioria dos casos, é aplicada uma pressão de vapor elevada de 1 a 2,5 bar para o processo de destilação. Tal como na destilação a vapor e a água, o material vegetal é apoiado numa placa perfurada imediatamente acima da entrada de vapor. O diagrama esquemático de uma unidade moderna de destilação a vapor é apresentado na Figura 1.18. Este sistema pode manter uma pressão de vapor constante a 100^0 C sem flutuação ou sobreaquecimento do material vegetal durante o processo de destilação. As unidades de destilação a vapor requerem um capital muito mais elevado para arrancar, pelo que têm de ser totalmente utilizadas ao longo do dia e a capacidade do alambique deve ser mais elevada para acomodar mais material vegetal, a fim de obter a produção máxima no final do dia (Oztekin e Soysal, 1998). Para além disso, a madeira do coração do sândalo contém um óleo essencial muito mais pesado, com compostos pesados como o a-santalol e o P-santalol. Por conseguinte, neste caso, a destilação a vapor é essencial para extrair o óleo essencial do sândalo com uma pressão de vapor mais elevada para obter um rendimento máximo de óleo (Wijesekera et al., 1993).

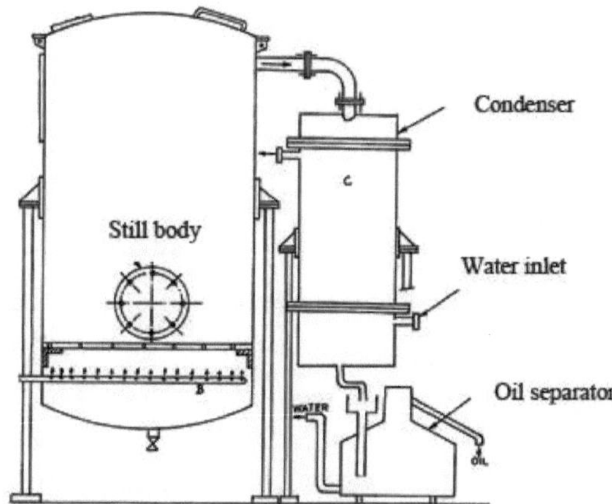

Figura 1.18: Diagrama esquemático de uma unidade moderna de destilação a vapor (Kumar 2019)

Expressão

A expressão é um método físico realizado à temperatura ambiente sem a intervenção de calor externo para a extração. Este método é utilizado na extração de óleo de citrinos a partir de frutos cítricos. O processo também designado por prensagem a frio, em que as glândulas de óleo essencial da casca são esmagadas ou partidas para libertar o óleo. Este método é aplicado exclusivamente na produção de óleos de casca de *citrinos*. Os óleos de casca de laranja, limão, tangerina e toranja têm uma boa procura nas indústrias internacionais de aromas e fragrâncias. A sensibilidade térmica dos constituintes voláteis é a razão para extrair óleos *de citrinos* por expressão. O óleo essencial de citrinos extraído por expressão é constituído por aldeídos alifáticos, bem como por outros aldeídos, tais como neral, geranial, citronelal, hidrocarbonetos terpénicos e ésteres. No entanto, os óleos essenciais *de citrinos* hidrodestilados contêm menos quantidades destes compostos, que são de qualidade inferior (Baser e Demirci, 2007).

Extração supercrítica de CO_2

Os fluidos supercríticos (SCF) são líquidos gasosos altamente comprimidos acima da sua temperatura crítica e do seu ponto de pressão crítico (Figura 1.19), representando um estado híbrido entre os estados líquido e gasoso, que tem propriedades físicas entre as fases líquida e gasosa. Por conseguinte, o SCF tem uma elevada capacidade de difusão, bem como uma baixa viscosidade, em comparação com a fase líquida. Por outro lado, tem uma densidade superior à do gás. O dióxido de carbono é normalmente utilizado nas extracções de SCF pelas seguintes razões

- Inodoro, incolor, insípido e não tóxico
- Barato e facilmente disponível
- Facilmente removível e sem resíduos no extrato da planta
- Não explosivo e não combustível
- As propriedades da SCF podem ser variadas através da alteração da temperatura e da pressão para extração selectiva
- Uma representação esquemática da instalação de extração é apresentada na Figura 1.20. Como o processo SCF funciona a baixa temperatura, os óleos sem terpenos resultantes estão isentos de alterações químicas, em comparação com a remoção de terpenos pelo processo de destilação fraccionada (De Silva, 1995). Também os compostos com peso molecular inferior a 250 podem ser extraídos com este sistema. Além disso, a solubilidade dos compostos com peso molecular entre 250 e 400 é extremamente fraca em CO_2 líquido. Isto significa que o SCF não extrai ceras, polifenóis, hidratos de carbono, carotenóides e clorofilas dos materiais vegetais. Por conseguinte, o SCF extrai compostos voláteis ricos em sesquiterpenos, sesquiterpenos oxigenados, lactonas sesquiterpénicas e terpenóides. No entanto, o sistema SCF é muito caro para configurar a extração de óleo essencial, mas é recomendado para grandes indústrias, como a indústria da cerveja, para extrair lúpulo, bem como para as indústrias de aromas, fragrâncias e farmacêuticas em grande escala (Yousefi et al., 2019).

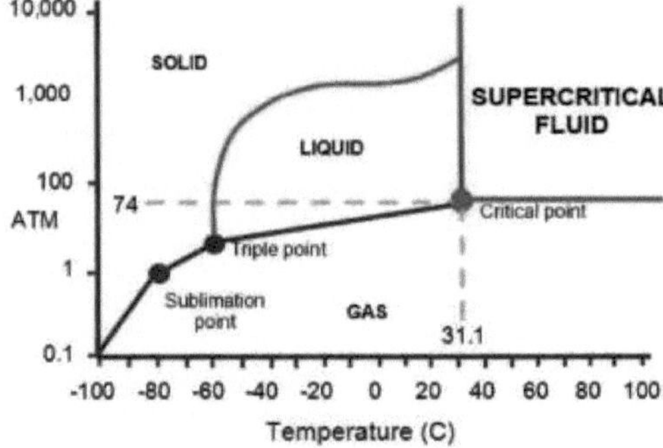

Figura 1.19: Diagrama de fases pressão-temperatura do dióxido de carbono (Witkowski,

2014)

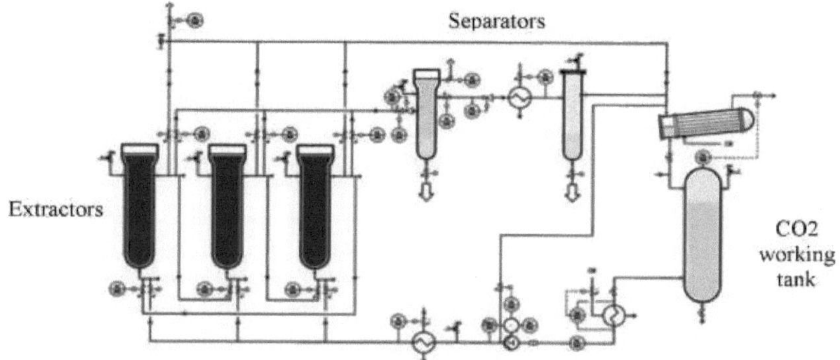

Figura 1.20: Representação esquemática de uma instalação de extração com fluido supercrítico (Natex, 2000)

Hidrodestilação assistida por micro-ondas

Esta técnica foi introduzida em 1991 para a extração de óleo essencial de menta, folhas de cedro e alho. É uma técnica sem solventes para extrair óleos essenciais de material vegetal e o tempo de extração é excecionalmente mais curto do que outros métodos de extração de óleos essenciais. As moléculas de água no material vegetal absorvem a energia das micro-ondas e, devido à vibração e rotação das moléculas de água, o aumento súbito da temperatura provoca a rutura das paredes celulares das glândulas de óleo essencial e a libertação do seu óleo para o ambiente. Elyemni et al (2019) compararam a técnica de hidrodestilação tradicional e a hidrodestilação assistida por micro-ondas de *Rosmarinus officinalis* L. Além disso, este estudo confirmou que os óleos essenciais obtidos a partir destas duas técnicas de extração são qualitativamente (perfil GC) e quantitativamente (rendimento do óleo) semelhantes. Apesar de existirem algumas patentes emitidas para esta técnica a nível laboratorial, há muito poucos fabricantes de óleos essenciais à escala piloto ou industrial que utilizem esta técnica.

Extração de óleo essencial com gordura a frio (Enfleurage)

Enfleurage é um tipo de método que se praticava antigamente e que, atualmente, se pratica em grande escala na região de Grasse, em França. O princípio subjacente a esta técnica específica consiste em absorver as fragrâncias emitidas pelas flores frescas, como a tuberosa e o jasmim, para a camada de gordura (colheitas). Se o período de colheita das flores for de 6 semanas, a gordura espalha-se sobre uma superfície plana e as flores de jasmim e de tuberosa espalham-se sobre a camada de gordura durante 24 horas no caso do jasmim e mais de 24 horas no caso da tuberosa. Durante todo o período de colheita, o lote antigo é substituído por flores frescas e, no final, a camada de gordura é saturada com óleo de flores. Depois disso, o óleo essencial da flor é extraído da camada de gordura com etanol absoluto (Kelkar e Wijesekera, 1976).

O teor de óleo e a qualidade do extrato de óleo por enfleurage dependem da qualidade da gordura de base utilizada no processo. As colheitas devem ser inodoras, consistentes na sua composição e isentas de água. A consistência das culturas significa que a camada de gordura deve ser moderadamente mole ou semi-dura e que as flores esgotadas devem ser facilmente removidas das culturas. O processo é efectuado num ambiente fresco durante todo o processo. As colheitas são geralmente constituídas por uma parte de sebo altamente purificado e duas partes de banha. As colheitas são colocadas num chassis, que serve de veículo para conter as colheitas de gordura. O chassis é constituído por uma estrutura retangular de madeira. O quadro contém uma placa de vidro em ambos os lados da qual são aplicadas as culturas de gordura. Quando os chassis são empilhados uns sobre os outros, a estrutura do chassis cria um compartimento hermético entre os dois vidros do chassis (Guenther, 1948).

Extração por solventes

A extração por solventes é importante para o material vegetal que tem um teor de óleo muito baixo e óleos voláteis com compostos pesados que são difíceis de extrair por destilação a vapor. A extração por solventes é importante para produzir diferentes tipos de isolados voláteis, incluindo concretos, absolutos, pomadas, resinóides, infusões, tinturas e oleorresinas disponíveis no mercado. A extração destes isolados voláteis deve ser efectuada através de diferentes técnicas de extração, variando o solvente orgânico (Guenther, 1948).

O betão é um extrato não polar de material vegetal fresco. A maioria dos betões é extraída com hexano, que extrai compostos não polares do material vegetal e evita a extração de compostos polares. Trata-se geralmente de um material ceroso semi-sólido isento de solventes orgânicos. Fragrâncias de flores como o lótus, a rosa, o jasmim e o lírio são preparadas como concretos (Panda, 2003).

O absoluto é preparado por extração do betão em álcool etílico, sendo todos os compostos da mistura solúveis em álcool etílico. Pode ser utilizado diretamente nas formulações de perfumaria, uma vez que não contém ceras nem ácidos gordos (Calkin e Jellinek, 1994).

A pomada é produzida por enfleurage, em que todos os voláteis das flores são extraídos para a camada de gordura e esta é extraída para os voláteis das flores por álcool etílico (De Silva, 1995).

Os resinóides são misturas viscosas ou semi-sólidas de resinas ou exsudados naturais extraídos com solvente.

A tintura é um extrato alcoólico ou aquoso de um material vegetal em que o solvente não está totalmente seco. Por conseguinte, contém 20- 95% de álcool etílico e é principalmente utilizada nas indústrias farmacêutica e de fragrâncias. O extrato de vanilina é um bom exemplo de uma tintura e encontra-se em três concentrações: uma, duas e dez vezes.

O bálsamo é um exsudado natural obtido da árvore. É normalmente rico em ésteres e ácidos gordos. A resina de goma é um exsudado natural obtido de uma árvore que inclui goma e resina. Por vezes, contém óleo essencial que é designado por resina de goma oleosa (Geevaratne, 1981).

As oleorresinas são extraídas de material vegetal através de solventes como o hexano, o álcool etílico, a acetona, o álcool isopropílico e a acetona. A composição depende do solvente utilizado e os voláteis, os não voláteis, incluindo a goma, a resina e os óleos essenciais, representam a oleorresina. No entanto, a padronização da oleorresina deve ser feita através da adição de óleo essencial extra ao extrato (Pathirana, et al. 1981; Jansz, 1981).

1.4 Utilizações industriais dos óleos essenciais a nível mundial

Atualmente, são conhecidos cerca de 3000 OEs diferentes em todo o mundo. As suas aplicações são principalmente nas indústrias farmacêutica, agrícola, alimentar, sanitária, cosmética e de perfumaria, sendo um negócio multimilionário em todo o mundo (Jumaat et al. 2017). A Índia antiga, a China e o Egito eram os locais onde os óleos essenciais eram produzidos e utilizados principalmente em aromas, fragrâncias e medicamentos. Em 1480 a.C., os egípcios estavam a explorar óleos essenciais, plantas portadoras de óleos essenciais, resinas na Somália como ingredientes para perfumes, aromas, medicamentos e para a preservação de múmias. Esta foi a utilização em grande escala dos óleos essenciais nessa época. A maior parte das famosas fragrâncias egípcias foram encontradas em muitos trabalhos arqueológicos egípcios e representavam a riqueza e a posição social (Guenther, 1948). O primeiro comércio internacional de óleo essencial teve início em meados do século XIV com o óleo essencial de alecrim e é o primeiro perfume alcoólico da história, denominado "Queen of Hungary Water". No início do século XVIII, foi introduzida a marca "Eau de Cologne", que se baseia em bergamota e perfume à base de citrinos. A Yardley começou a fabricar sabão para a zona de Londres em 1620 e este era perfumado com lavanda inglesa. Foi provavelmente a primeira vez que o óleo essencial foi utilizado em grande escala na indústria do sabão.

Os óleos essenciais são um ingrediente essencial na indústria alimentar como agente aromatizante desde a antiguidade. Há provas de que o Egito, a Grécia, a França e Roma utilizavam óleos essenciais para aromatizar gelados, etc. Também os europeus adoptaram há muito tempo as especiarias e os seus óleos essenciais como aromatizantes e conservantes de alimentos.

O óleo essencial e os produtos relacionados, tais como resinas, absolutos, tinturas, oleo-resinas, pomadas e concretos, são os principais ingredientes para o fabrico de aromas e fragrâncias em todo o mundo. Nessa altura, os óleos essenciais e produtos afins eram utilizados na indústria de aromas e fragrâncias por um grande número de fabricantes em França, no Reino Unido, na Alemanha, na Suíça e nos Estados Unidos, tal como indicado no Quadro 1.2 (Baser e Demirci, 2007).

Quadro 1.2: Os primeiros fabricantes industriais de óleos essenciais, aromas e fragrâncias

(Baser e Demirci, 2007)

Nome da empresa	País	Ano de estabelecimento
Antoine Chiris	França (Grasse)	1768
Cavallier Freres	França (Grasse)	1784
Dodge & Olcott Inc.	EUA (Nova Iorque)	1798
Roure Bertrand Fils e Justin Dupont	França (Grasse)	1820
Schimmel & Co.	Alemanha (Leipzig)	1829
J. Mero-Boyveau	França (Grasse)	1832
Stafford Allen e Filhos	Reino Unido (Londres)	1833
Robertet et Cie	França (Grasse)	1850
W.J. Bush	Reino Unido (Londres)	1851
Payan-Bertrand et Cie	França (Grasse)	1854
A. Boake Roberts	Reino Unido (Londres)	1865
Fritsche-Schimmel Co	EUA (Nova Iorque)	1871
V. Mane et Fils	França (Grasse)	1871
Haarman & Reimer	Alemanha (Holzminden)	1874
R.C. Treatt Co.	Reino Unido (Bury)	1886
N.V. Polak e Schwartz	Holanda (Zaandam)	1889
Ogawa e Co.	Japão (Osaka)	1893
Firmenich e Cie	Suíça (Genebra)	1895
Givaudan S.A.	Suíça (Genebra)	1895
Maschmeijer Aromatics	Holanda (Amesterdão)	1900

O rápido desenvolvimento da indústria de fragrâncias e aromas foi demonstrado no século XIX devido ao desenvolvimento dos produtos relacionados com os óleos essenciais. Este facto deve-se à introdução de produtos químicos aromáticos sintéticos na indústria em 1876 por Haarman e Reimer. Os produtos químicos sintéticos para aromas, como a vanilina, a cumarina, o anisaldeído e o terpineol, foram introduzidos e conduziram a uma revolução nas indústrias de fragrâncias no século XX. No passado recente, a expansão da indústria de óleos essenciais deveu-se ao rápido crescimento das indústrias alimentar, de produtos de cuidados pessoais e de cosméticos. As principais utilizações dos óleos essenciais são os fabricantes históricos e pioneiros na mistura de óleos essenciais no mercado internacional de óleos essenciais. A empresa recentemente criada, como a International Flavor and Fragrances (IFF), foi criada por trabalhadores experientes que saíram dessas empresas líderes (Baser e Demirci, 2007).

A França tornou-se o líder do estabelecimento do valor terapêutico da indústria de fragrâncias como aromaterapia em 1928 por Rene-Maurice Gattefosse. A aromaterapia com produtos naturais é um conceito que está a crescer atualmente em todo o mundo. Este conceito enfatiza que os compostos voláteis disponíveis no óleo de aromaterapia têm propriedades bioactivas para curar muitos problemas psicológicos e fisiológicos do ser humano (Gattefosse, 1993).

Os aromas e as fragrâncias variam consoante o produto final e as necessidades do utilizador final. Isto é identificado pela empresa de fabrico de aromas e fragrâncias e criado pelos aromistas e perfumistas. Também a origem do sabor ou da fragrância, como natural, idêntica à natureza e sintética, é decidida de acordo com o utilizador final do produto (Berger, 2010).

Existem outros produtos, tais como artigos cosméticos, incluindo sabonete líquido, champô, spray corporal, loção corporal, pós-barba, óleos, cremes, etc., que são perfumados principalmente por óleos essenciais. Além disso, os produtos domésticos, como os ambientadores, os ambientadores, o detergente em pó e o líquido de limpeza, são todos perfumados com óleos essenciais. Além disso, os óleos essenciais são utilizados em pesticidas, insecticidas e armadilhas biológicas como feromonas na indústria. Além disso, os óleos essenciais são utilizados na alimentação animal e nas indústrias farmacêuticas (Guenther, 1948; Baser e Demirci, 2007).

1.5 Adulterações de óleos essenciais

Os isolados naturais, incluindo os OEs, têm sido amplamente utilizados em todo o mundo e a sua procura está a aumentar continuamente devido à utilização desses isolados como ingredientes em muitos produtos, tais como alimentos, perfumes, cosméticos, produtos ayurvédicos, aromaterapia, produtos domésticos, etc. Por conseguinte, para satisfazer a procura, são necessárias grandes quantidades de óleos essenciais. Por conseguinte, algumas indústrias procedem a adulterações para produzir quantidades de óleos essenciais e produtos conexos. Além disso, para manter a qualidade e a consistência do produto final, nalguns casos, é necessária a adulteração intencional (John, *et al.* 1991).

Por adulteração de óleos essenciais entende-se a adição de um ou mais ingredientes ao óleo essencial autêntico, em que a qualidade (tanto química como física) do óleo essencial se desvia dos requisitos normalizados de um determinado óleo essencial. A adulteração pode ser efectuada em isolados naturais, tais como óleos essenciais, oleorresinas, gomas, absolutos ou outros extractivos naturais que podem conter muitos compostos. A adulteração de isolados naturais ocorre de várias formas, incluindo a padronização, o reforço, a liquidificação, a reconstituição e a comercialização. No entanto, por vezes, a adulteração melhora a qualidade do óleo essencial, como acontece durante os métodos de normalização e reforço (Vankar, 2004).

Os isolados naturais desviam-se por vezes do perfil físico-químico padrão devido às condições geográficas da área cultivada, ao tipo de método de destilação utilizado e à maturidade do material vegetal. Por conseguinte, as caraterísticas do isolado natural devem ser combinadas com o isolado natural que vai ser padronizado, adicionando alguns constituintes naturais ou óleo essencial mais barato para manter os padrões do produto final. A adição de eugenol, acetato de eugenilo e β-cariofeleno ao óleo de botão de cravinho para obter um óleo de botão de cravinho da melhor qualidade é um bom exemplo de reconstituição do óleo essencial. A mistura com óleo essencial mais barato para satisfazer o preço do comprador ou para obter lucros adicionais é uma prática muito comum neste sector. O óleo de alecrim adulterado com óleo de *Eucalytus globlus* ou óleo branco é um bom exemplo deste tipo de adulteração. Por vezes, o óleo natural isolado, como o óleo de erva-limão, é adulterado com citral sintético, o que constitui um bom exemplo de base natural adulterada com constituintes químicos sintéticos. Por vezes, é possível a mistura com um óleo mais barato da mesma planta, mas extraído de uma parte diferente da planta. O óleo de botão de cravinho adulterado com óleo de folha de cravinho e a raiz de angélica adulterada com folha de angélica são dois exemplos deste tipo de adulteração. O reforço é uma espécie de atualização do óleo de baixa qualidade através da adição de um composto natural isolado de uma fonte vegetal diferente. É mais ou menos uma extensão da normalização. Melhora a qualidade e torna o produto final mais valioso. Alguns isolados naturais encontram-se no estado sólido ou semi-sólido, como gomas e resinas. Por conseguinte, para liquidar esses isolados, são necessários alguns solventes, como o benzoato de benzilo, o miristato de isopropilo e o propilenoglicol. A dissolução de uma fragrância natural não líquida num solvente é designada por liquidificação. A reconstituição é importante para óleos muito dispendiosos, como o óleo de rosa, o óleo de jasmim ou o óleo de laranja, que são utilizados em perfumes mais baratos, sabão, detergentes, etc. Por conseguinte, o processo de reconstituição é necessário para o tornar mais barato e sobreviver no negócio. Comercializar significa baixar a qualidade do isolado natural para obter mais lucro. Por conseguinte, a maioria destes óleos mais baratos são adulterados com óleo reconstituído ou, por vezes, diluídos com solventes ou produtos químicos sintéticos mais baratos, a fim de reduzir o custo de produção. Atualmente, os óleos essenciais são adulterados de uma forma muito inteligente e, por vezes, adicionam óleos que não são voláteis de uma forma que nem a cromatografia gasosa consegue detetar. A adulteração com óleo de rícino é um exemplo perfeito deste tipo de adulteração, em que o óleo de rícino é um óleo fixo que contém ácidos gordos que não são voláteis e que não dão resposta na análise por GC (Do, *et al.* 2015).

1.6 Indústria de óleos essenciais no Sri Lanka

1.6.1 Panorama histórico da indústria de óleos essenciais no Sri Lanka

Os óleos essenciais derivados de especiarias, ervas e flores têm sido produzidos e utilizados no Sri Lanka desde 2000 a.C.. Além disso, o óleo de canela do Ceilão foi exposto na Exposição Mundial de Comércio, em Frankfurt, em 1574. Os registos médicos indígenas da antiguidade confirmam que o óleo de folha de canela e o óleo de casca de canela têm sido utilizados para o alívio de dores, aromaterapia e fonte repelente de insectos em casas e arrozais. Para além do óleo de canela, o Sri Lanka é famoso pelo óleo de sândalo, óleo de citronela, óleo de pimenta, óleo de noz-moscada, óleo de cravo e óleo de gengibre para a indústria de aromas e fragrâncias (Kelkar e Wijesekera, 1976).

A canela do Ceilão é originária das colinas centrais do Sri Lanka, onde se encontram várias espécies em Kandy, Matale, na floresta de Sinharaja, na floresta de Kanneliya e em Belihul Oya. [th]Quando os portugueses dominaram as zonas costeiras do Sri Lanka no início do século XVI, a canela crescia em estado selvagem. Depois os holandeses chegaram ao Sri Lanka em 1656 e introduziram o cultivo sistemático da canela na faixa costeira de Negombo a Ambalangoda (Senanayake *et al.* 1976). A destilação do óleo de folhas de canela foi iniciada durante o período holandês (Drieberg, 1936; Wijesekera e Ratnasingham, 1975). No entanto, os britânicos, que chegaram depois dos holandeses, introduziram a destilação em grande escala do óleo de folha de canela em 1841. Por esta altura, a canela foi introduzida no mercado internacional em substituição da cássia (*Cinnamomum cassia*), que se tornou o principal concorrente e substituto da canela do Ceilão. Por conseguinte, a fim de melhorar a qualidade da canela de Ceilão, os funcionários decidiram evitar quaisquer lascas e raspas nas penas de canela. Posteriormente, as aparas e raspas desperdiçadas foram utilizadas para produzir óleo de casca de canela por processo de destilação a vapor (Senanayake e Wijesekera, 1989).

A citronela é uma das mais antigas culturas produtoras de óleo essencial no Sri Lanka. th Na segunda metade do século XVII, a citronela foi introduzida por dois cirurgiões holandeses, Paul Hermann e Nichola Grim. No início do século XVIII, o primeiro carregamento de óleo de citronela foi enviado para Londres. Em 1851 e 1855, amostras de óleo de citronela foram expostas nas feiras mundiais de Londres (Jayasinha, 1999). A citronela Lenabatu foi introduzida no Sri Lanka em 1885 e a destilação da citronela foi iniciada em 1890 num alambique primitivo. Nessa altura, o cultivo da citronela estendeu-se a 50 000 acres na província do sul do Sri Lanka. No entanto, a maha-pengiri foi introduzida em Java (conhecida como citronela de Java) a partir do Sri Lanka em 1899. Mais tarde, o óleo de maha-pengiri do Ceilão foi substituído pela citronela de Java como principal produtor de óleo de citronela para o mercado mundial. Por conseguinte, o mercado de citronela do Ceilão caiu, tendo a maior parte das culturas de citronela na província do Sul sido substituída por chá, coco e outras culturas.

1.6.2 Produção de óleos essenciais no Sri Lanka

O Sri Lanka é um país tropical com vastos recursos de plantas aromáticas, que têm sido utilizadas pela população para fins alimentares, medicinas tradicionais, cosméticos, aromas e fragrâncias nos últimos séculos. Sendo um país tropical, o Sri Lanka cultiva especiarias e ervas aromáticas que podem produzir óleo essencial como subproduto para o mercado local e internacional. Os principais óleos essenciais de especiarias produzidos no Sri Lanka são a casca de canela, a folha de canela, o óleo de pimenta, o óleo de noz-moscada, o óleo de cardamomo, o óleo de gengibre, o óleo de cravo e o óleo de botão de cravo (Jansz, et al. 1983). Para além dos óleos de especiarias, o Sri Lanka produz óleos essenciais como o óleo de citronela, o óleo de erva-limão, o óleo de sândalo, o óleo de pinho e o óleo de eucalipto para o mercado local e internacional (Kelkar e Wijesekera, 1976). Além disso, o Sri Lanka está a produzir quantidades relativamente pequenas de concretos florais e oleorresinas de especiarias para o mercado internacional. Entre estes óleos essenciais, o óleo de casca de canela e o óleo de citronela são exportados com a identidade do Ceilão para o mercado internacional, onde ninguém consegue produzir estes dois óleos em qualquer parte do mundo. De acordo com as estatísticas publicadas pelo Conselho de Desenvolvimento das Exportações (EDB) do Sri Lanka de 2015 a 2022, o país obteve uma receita média anual de 39,7 milhões de dólares com as exportações de óleos essenciais, resinóides e material de perfumaria, com uma contribuição de 70% dos óleos essenciais para o rendimento total (Quadro 1.3). De acordo com as estatísticas do Conselho de Desenvolvimento das Exportações do Sri Lanka, nos últimos cinco anos o Sri Lanka melhorou consideravelmente as exportações de óleos essenciais.

Quadro 1.3: Estatísticas de exportação de óleos essenciais e oleorresinas extraídas (concretos e absolutos) do Sri Lanca durante o período de 2015 a 2022 (EDB, 2023)

	2015		2016		2017		2018		2019		2020		2021		2022	
	Quantidade (kg)	Valor (USS Mu)	Quantidade (kg)	Valor (USS Mu)	Quantidade (kg)	Valor (USS Mu)	Quantidade (kg)	Valor (USS Mu)	Quantidade (kg)	Valor (USS Mu)	Quantidade (kg)	Valor (USS Mu)	Quantidade (kg)	Valor (USS Mu)	Quantidade (kg)	Valor (USS Mu)
Óleo de citronela	7,836	036	8,257	0.79	38,027	1.72	40,866	1.11	10,464	024	5,779	0.14	4,086	0.13	2,155	0.06
Folha de canela	264,651	5.17	226,399	622	309,011	6.41	230,876	5.05	261,960	3.74	300,483	622	307,083	6.96	194,384	4.13
Casca de canela	14,415	323	27p23	6.11	40317	9.79	42,789	10.19	42328	8.13	67,160	14.81	73375	13.28	25355	531
Ckree	9,880	039	6329	036	9,408	036	10,654	0.81	11,126	037	17,823	0.97	7,827	0.47	12,719	0.48
Eucalipto	38	...	91	...	1,161	0.01	26	-	62	-	287	...	106	...	11	...
Limão n.º as-	810	0.03	305	0.01	936	0.03	5394	0.17	5,744	0.18	2,755	0.1	1,620	0.07	2,710	0.07

Mace	24	...	131	0.01	35	...	21	-	20	-	2	...	2,754	0.05	684	0.01
Mostarda	-		1337	0.02	1310	0.02	12,034	0.08	5,769	0.05	6,790	0.04	-		291	-
Noz-moscada	67^78	329	122352	4.08	65,466	278	51318	212	42301	133	38,607	1.61	50394	233	62,756	338
Pimenta	61^76	4.03	42,731	2.94	48381	3.18	66320	1.92	74,188	2.94	38.720	135	81332	3.12	92,442	3.87
Baunilha	200	0.01	48	-	233	...	6,284	0.1	769	-	423	0.01	81332	-	258	-
Cardamomo	1,417	02	694	0.18	424	0.14	217	0.08	1,081	0.4	890	03	1320	0.64	1,005	032
Gengibre	1,412	021	2,823	033	4,185	0.66	6330	034	5,805	0.68	6379	0.76	5,845	0.83	2,032	034
Outros OE	52^07	0.93	68,475	1.62	65,167	12	69,005	13	115,046	242	67,770	1.48	51,406	1.1	41396	0.67

(US 3 Mh) - milhões de dólares americanos

No entanto, de acordo com as estatísticas, de 2015 a 2018, a média anual de 63.888,5 kg (63,8 toneladas), avaliada em US $ 1.261.833 (US $ 1,2 milhão) de outros tipos de óleos essenciais, foi exportada sob a categoria de outros óleos essenciais que não possuem códigos HS. Isto implica que os óleos essenciais de novo tipo contribuem apenas com 3% das receitas de exportação nos últimos quatro anos. Além disso, a procura de óleo essencial de tipo tradicional, como o óleo de folha de canela, é substituída por óleo mais barato, como o óleo de folha de cravinho da Malásia. Por conseguinte, existe uma enorme necessidade de procurar novos óleos essenciais que sejam únicos em termos de caraterísticas químicas para competir no mercado internacional de aromas e fragrâncias.

De acordo com as provas documentadas, a quantidade média exportada de óleo de casca de canela foi de 764 kg durante o período de 1957 a 1967 (Wijesekara et al, 1975). Além disso, é referido que, de 1987 a 1996 (FAO, 1995), o volume médio de exportação de óleo de casca de canela permaneceu baixo, com 2,8 toneladas (2800 kg) por ano. O óleo de casca de canela do Ceilão é utilizado principalmente como componente de sabor e fragrância nas indústrias alimentar, de perfumes e de cosméticos. Na fase inicial destas indústrias, os espinhos de canela eram importados do Sri Lanka e destilados para obter o óleo para a produção. Porém, devido ao aumento dos custos de transporte e dos direitos aduaneiros, os compradores aperceberam-se de que era possível produzir óleo de muito melhor qualidade no Sri Lanka e que, a longo prazo, era mais barato comprar óleo diretamente aos exportadores do país. Por conseguinte, em 2009, o volume médio de exportação era de 16 838 kg e, em 2010, aumentou rapidamente para 73 625 kg. No entanto, durante o período de 2011 a 2018, o volume de exportação de óleo de casca de canela foi ligeiramente melhorado, como indicado no Quadro 1.4. Além disso, durante esse período, o valor de exportação do óleo de casca de canela mudou de 1.163.371 US $ para 10.194.890 US $.

Os principais óleos essenciais de folhas destilados no Sri Lanka são a canela, a citronela, a erva-limão e o eucalipto. Em todas estas indústrias, as unidades de destilação estão localizadas onde essas culturas estão estabelecidas. A canela ocupa principalmente a faixa costeira de Kalutara a Matara e também em zonas interiores como Ratnapura e Matale (Wijeserkera e Ratnasingham, 1975). A citronela está agora limitada à faixa costeira de Tangalle a Hambantota e na zona de Walasmulla a Weeraketiya. No entanto, a cultura da erva-limão está limitada a pequenas áreas em Matale e Badulla. O eucalipto é cultivado extensivamente em altitudes superiores a 1.200 m, principalmente nas zonas de Ohiya e Nuwara- Eliya (De Silva, 1995).

Quadro 1.4: Estatísticas de exportação de óleo de casca de canela do Sri Lanka durante o período de 2009 a 2022 (EDB, 2023)

Ano	Quantidade (kg)	Valor (US $ Mn)

Year	Quantity (kg)	Value (US $ Mn)
2009	16,838	1.16
2010	73,625	2.92
2011	30,101	3.18
2012	8,953	2.04
2013	16,783	2.50
2014	16,953	3.83
2015	14,415	3.23
2016	27,323	6.11
2017	40,517	9.79
2018	42,789	10.19
2019	42,328	8.13
2020	67,160	14.81
2021	73,975	13.28
2022	25,955	5.51

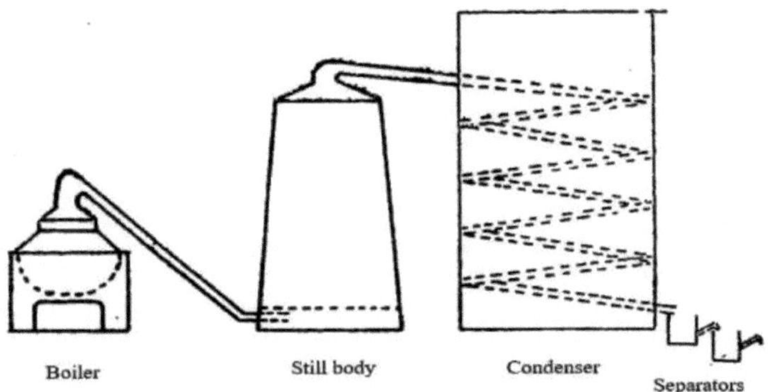

Figura 1.21: Unidade de destilação de folhas de canela - Alambique tipo A. Dandugama (Geevaratne, et al. 1979)

As unidades de destilação de óleo de folha de canela estão principalmente localizadas na zona de Meetiyagoda-Ambalangoda. Existem três tipos de unidades tradicionais de óleo de folha de canela: Tipo A, B e C. Além disso, existem outras unidades de destilação modificadas, como a CISIRILL Manakoka e a CISIRILL Boitare, como indicado em Figura, 1.21 - 1.26 (Geevaratne, et al. 1979).

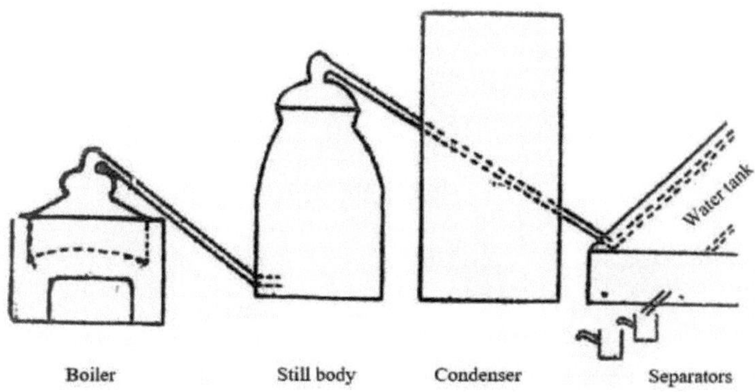

Figura 1.22: Unidade de destilação de folhas de canela - Alambique tipo B - Meetiyagoda (Geevaratne, et al. 1979)

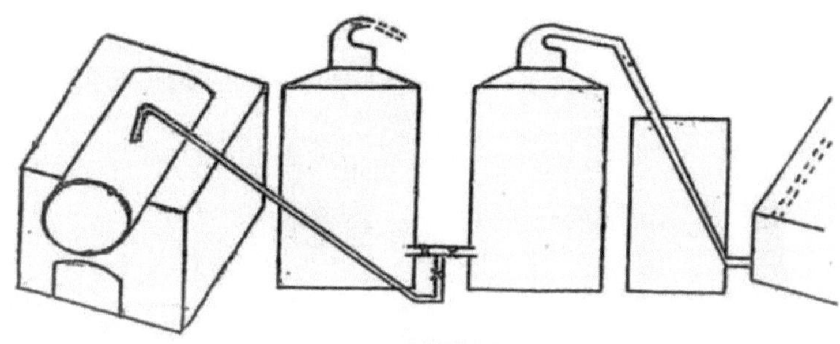

Figura 1.23: Unidade de destilação de folhas de canela - Alambique tipo C - Matara (Geevaratne, et al. 1979)

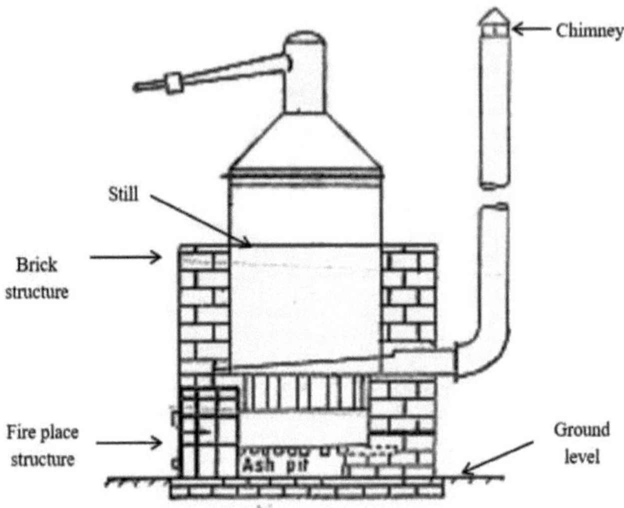

Figura 1.24: Unidade de destilação do alambique Fernando Ratnasingham (Geevaratne, et al. 1979)

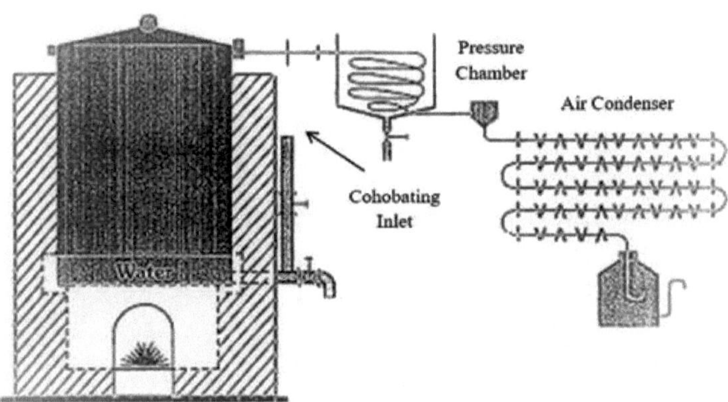

Figura 1.25: Unidade de destilação do tipo CISIRILL Manakoka (Geevaratne, et al. 1979)

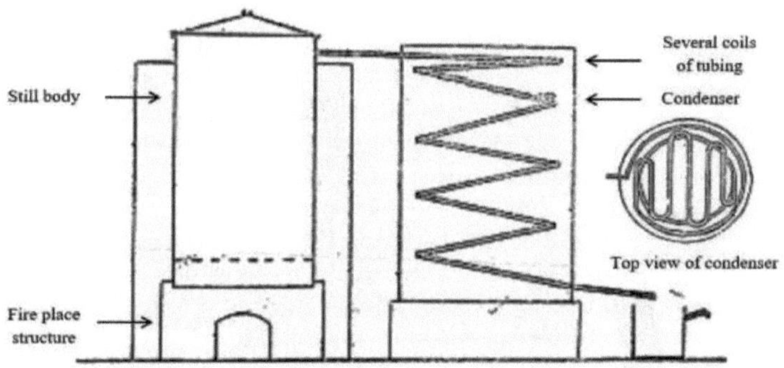

Figura 1.26: Unidade de destilação do tipo Boitare do CISIRILL (Geevaratne, et al. 1979)

As unidades de destilação tradicionais funcionam utilizando tanques estáticos como condensadores de água. A unidade de destilação tradicional do tipo A (Figura 1.21) é constituída por uma caldeira de cobre de tipo redondo alimentada por uma fornalha e o alambique tem capacidade para 250 kg de folha de canela. O condensador é constituído por 20 a 30 m de tubos de cobre imersos num tanque de madeira. A unidade de destilação tradicional do tipo B (Figura 1.22) também é utilizada para a extração de óleo de canela na região de Kalutara a Galle. A caldeira e o alambique são muito semelhantes aos do tipo A, mas o condensador é constituído por duas partes, uma do tipo espiral e outra do tipo plano. As unidades do tipo C (Figura 1.23) são utilizadas na região de Galle a Hambanthota, onde a caldeira é do tipo horizontal e o alambique é frequentemente duplo, sendo o condensador muito semelhante ao da unidade do tipo B. É originalmente utilizado para a extração de óleo de citronela, mas mais tarde foi utilizado para a extração de óleo de folhas de canela. A unidade de destilação Fernando - Ratnasingham (Figura 1.24) foi concebida em 1960 e utilizada apenas para a extração de erva-limão numa operação à escala artesanal. A principal diferença em relação à unidade tradicional é que o forno, o gerador de vapor e o corpo do alambique estão contidos numa única unidade. O CISIRILL Manakoka (Figura 1.25) foi concebido em 1971 e utilizado para a extração de óleo de canela, citronela e erva-limão. Foi concebido com dois condensadores, incluindo um permutador de calor latente com bobina de alumínio num recipiente de água e um condensador de ar com tubos de alumínio (Laurentius et al, 1973; Ratnasingham e Wijesekera, 1973). O CISIRILL boitare (Manakoka modificado) foi projetado em 1977, o alambique de Manakoka e o condensador foram melhorados (Figura 1.26) com várias bobinas (Geevaratne, et al. 1979).

As unidades de destilação de citronela estão principalmente localizadas em Katuwana, Walasmulla, Beliatta e Ranna, na parte sul do Sri Lanka, enquanto as unidades de destilação de erva-limão estão localizadas nas zonas de Matale e Badulla (Jansz, et al. 1980)

No passado, o CISIR foi pioneiro na investigação de óleos essenciais e na conceção de unidades de extração de óleos essenciais. Durante o período de 1965 a 1980, as unidades de destilação de óleo essencial de especiarias dividiam-se principalmente em três categorias, incluindo unidades de óleo de casca de canela de nível artesanal, alambiques gerais de especiarias e a unidade CISIRILL SPICA. A unidade de óleo de casca de canela de nível artesanal produzia óleo de casca de canela de baixa qualidade (35-45% de cinamaldeído). Trata-se de um alambique com capacidade de 50 kg, sistema de destilação de água com condensador de água estático. No entanto, a segunda categoria, os alambiques gerais de especiarias, é um sistema eficiente para extrair diferentes matérias-primas de especiarias. É composto por uma caldeira, um corpo de alambique (25 - 100 kg de capacidade) e um condensador com condensador de água corrente do tipo multi-tubular ou serpentina em barril. Além disso, um tipo muito especial de unidade de destilação, o CISIRILL SPICA, foi desenvolvido pelo CISIR em 1972 para a destilação de cravo, cardamomo, noz-moscada e pimenta. A sua principal vantagem é o baixo custo devido à ausência de caldeira e à utilização de alumínio em vez de aço inoxidável como material de construção (Jansz, et al. 1981). As modernas unidades de destilação de óleo de casca de canela são muito mais avançadas do que as unidades de destilação de óleo de folhas, que requerem uma elevada pressão de vapor para extrair o óleo essencial da casca. Por conseguinte, a destilação do óleo da casca de canela é efectuada com uma caldeira de alta pressão ligada a um alambique com uma capacidade de 50 a 125 kg e condensadores do tipo concha e tubo para condensar o óleo volátil. São normalmente utilizados dois a três frascos Florentine para a separação do óleo (Wijesekera, et al. 1993).

1.6.3 Aplicações industriais dos óleos essenciais no Sri Lanka

Os óleos essenciais são valorizados no Sri Lanka como oleorresinas, aromas, fragrâncias e insecticidas. A indústria de perfumaria é uma das principais indústrias que utiliza o óleo essencial como ingrediente principal para a produção e abre um enorme valor acrescentado no mercado internacional. Embora o Sri Lanka esteja a produzir grandes quantidades e variedades de óleos essenciais para o mercado internacional, a indústria de perfumaria ainda não está desenvolvida a nível internacional. Contudo, existem poucas empresas no Sri Lanka que se dedicam à produção de extractos florais e perfumes conexos para o mercado internacional. Além disso, alguns fabricantes de óleos essenciais no Sri Lanka produzem ingredientes de perfumaria muito caros, tais como óleo de tipo agarwood, óleo de sândalo e óleo de vetiver para efeitos de exportação. Estes óleos são exportados principalmente para países do Médio Oriente como perfumes sem qualquer modificação do óleo original. O óleo essencial de vetiver (*Vetiveria zizanioides*) obtido por destilação a vapor de raízes aromáticas contém um grande número de sesquiterpenos oxigenados que são importantes na indústria da perfumaria. Para além dos perfumes, os óleos essenciais são utilizados em paus de incenso como agente de perfumaria, especialmente o pó de sândalo que sobra após a destilação é utilizado na indústria do incenso. Além disso, há casos em que os óleos essenciais, como a citronela e o capim-limão, são diretamente utilizados em paus de incenso para repelir mosquitos. Além disso, os óleos essenciais, como a canela, a citronela e o capim-limão, são utilizados na indústria das velas para fabricar velas perfumadas caras para o mercado local e internacional. Além disso, a maior parte dos óleos essenciais, incluindo óleos de especiarias, óleos de folhas e óleos de sândalo produzidos no Sri Lanka, são ingredientes essenciais na indústria da aromaterapia.

Atualmente, os óleos essenciais são amplamente utilizados como fragrância em muitos produtos, tais como sabão, detergentes, desinfectantes, ambientadores, desodorizantes e repelentes de insectos. O óleo de citronela do Ceilão é um dos óleos mais utilizados para perfumar sabonetes, produtos de higiene e produtos industriais baratos, como vernizes, etc. (Jayasinha, 1999). Basicamente, o Sri Lanka está a produzir cosméticos à base de plantas para o mercado internacional, onde estão envolvidos ingredientes activos 100% naturais. Por conseguinte, os óleos essenciais são utilizados como ingrediente perfumado em produtos cosméticos à base de plantas, tais como cremes, loções e champôs no Sri Lanka. Além disso, os óleos essenciais são amplamente utilizados em preparações ayurvédicas, tais como bálsamo, pomadas, óleo de massagem, óleo capilar e outras preparações. Os óleos essenciais não são apenas utilizados em aplicações externas em produtos ayurvédicos, mas também em medicamentos de ingestão interna, como kwatha, pana, aristas e outras preparações alcoólicas. Os óleos essenciais são sobretudo utilizados como ingrediente ativo e aromatizante em suplementos alimentares à base de plantas, bem como em bebidas saudáveis. A aguardente de asamodagam é uma das antigas fórmulas ayurvédicas que utiliza destilado de sementes de asamodagam. Contém timol como principal composto volátil, que é um componente ideal para bebés e crianças que sofrem de dores de estômago e perturbações intestinais.

O óleo essencial extraído da Maduruthala contém metil eugenol, que actua como feromona para apanhar as moscas da fruta na zona de cultivo. Além disso, o óleo essencial de citronela (*Cymbopogon winterianus*) tem sido utilizado nos últimos cinquenta anos como repelente de insectos e repelente de animais. A atividade larvicida do óleo de citronela tem sido atribuída principalmente ao seu principal constituinte monoterpénico, o citronelal. Além disso, os óleos essenciais são utilizados como pesticidas na agricultura do Sri Lanka, especialmente em incidentes como os ataques de brotos de cochonilhas (Piti makuna) e de lagartas (Sena caterpillar) às plantações.

Os óleos essenciais de especiarias são utilizados principalmente em oleorresinas de especiarias, em que a oleorresina é padronizada pelo óleo essencial. A oleorresina de pimenta é normalmente padronizada com 18 - 20%, w/w de óleo essencial, onde o próprio óleo essencial realça o sabor e o aroma caraterísticos da pimenta na oleorresina de pimenta (Moyler, 1991, Hainrihar, 1991). Por conseguinte, os óleos essenciais são um ingrediente necessário para a maioria das oleorresinas de especiarias produzidas no Sri Lanka, tal como indicado no Quadro 1.5 (Geevaratne, 1981). Os óleos essenciais são utilizados como aromas na indústria de confeitaria, bebidas e panificação em certa medida no Sri Lanka. A oleorresina de gengibre com óleo essencial é utilizada no fabrico de refrigerantes de cerveja de gengibre, bem como em biscoitos. Os óleos essenciais também são utilizados como ingrediente aromatizante no chá. O óleo de casca de canela e o óleo de folha de canela são utilizados em elixires bucais e pastas de dentes. Além disso, o óleo de cravinho é utilizado em pastas de dentes e produtos de higiene oral.

Quadro 1.5: Algumas caraterísticas importantes das oleorresinas de especiarias produzidas no Sri Lanka
(Geevaratne, 1981)

Especiarias	Rendimento, %	Vol. de óleo essencial	Força de substituição	Máximo Solvente residual
Cardamomo	10	50	1 : 20	30 ppm
Canela	5	-	-	30 ppm
Cravo	20	40	1 : 20	30 ppm
Gengibre	10 - 15	25 - 30	1 : 28	30 ppm
Noz-moscada	35 - 40	7 - 9	1 : 13	30 ppm
Pimenta	10 - 15	18 - 20	1 : 25	30 ppm

1.7 Técnicas utilizadas no isolamento de óleos essenciais

Os óleos essenciais são compostos relativamente não polares e o seu peso molecular varia entre 100 e 400 Da. Por conseguinte, podem ser utilizadas técnicas de cromatografia em camada fina preparativa (PTLC), cromatografia em coluna, cromatografia de exclusão de tamanho, destilação fraccionada e cromatografia líquida de alta resolução preparativa (PHPLC) para isolar os compostos do óleo essencial (Svendsen e Scheffer, 1984; Guenther, 1972).

A análise do óleo essencial pode ser efectuada principalmente através de técnicas de cromatografia gasosa, tais como GC-FID e GC-MS. Além disso, podem ser utilizadas técnicas de confirmação como a espetroscopia de infravermelhos e a RMN para confirmar a estrutura dos compostos isolados (Wijesekera, 1973).

1.7.1. Cromatografia de camada fina (TLC)

A TLC é uma técnica cromatográfica plana, rápida e económica, amplamente utilizada para identificar substâncias e testar a pureza dos compostos, o que fornece informações valiosas para análises subsequentes. De um modo geral, a TLC é um método clássico para a análise de óleos essenciais, que consiste numa fase estacionária, revestida numa placa de vidro ou de alumínio, e a fase móvel é deixada subir através da camada por forças capilares. As amostras são colocadas no fundo da placa TLC e a fase móvel transporta a amostra sobre a fase estacionária para separar os componentes da mistura. Este é um tipo de teste qualitativo para misturas voláteis e não voláteis. Existem dois tipos de técnicas de TLC, dependendo da fase estacionária utilizada na placa. A placa de TLC de fase normal com revestimento de sílica pode ser utilizada para separar extractos relativamente apolares, enquanto as placas de TLC de fase inversa com fase estacionária C-18 podem ser utilizadas para separar misturas relativamente polares. No entanto, a maior parte das análises de óleos essenciais requerem TLC de fase normal para separar a amostra (Poole, 2003). A TLC é um bom método de seleção de mono e sesquiterpenos com H2SO4 concentrado e aquecimento. Por conseguinte, esta técnica é amplamente utilizada como técnica preliminar, fornecendo informações valiosas para a análise subsequente por GC ou GC-MS. Este método também é muito útil na separação cromatográfica de óleos em coluna, onde a pureza das fracções eluídas da coluna é confirmada por este método.

A cromatografia em camada fina preparativa (PTLC) também está a ser utilizada para separar óleos essenciais. Trata-se de uma técnica maioritariamente utilizada para isolar os compostos em quantidades de 10 mg a mais de 1 g. Na PTLC, a amostra é aplicada na planta sob a forma de longos bifes, em vez de um ponto na placa, como na TLC normal. Após o desenvolvimento, os componentes específicos serão recuperados raspando a região interessada da placa (Wagner, et al. 2003). O componente químico recuperado será posteriormente purificado por PTLC ou PHPLC para elucidar a estrutura do composto por RMN.

1.7.2. Cromatografia em coluna

A cromatografia em coluna é uma técnica em que o gel de sílica, a alumina, o LH-20, etc. são utilizados como fase estacionária numa coluna. A vantagem da cromatografia em coluna em relação à TLC é o facto de se poder separar uma quantidade superior a um grama através desta técnica. Esta técnica é frequentemente utilizada por químicos orgânicos para purificar líquidos como os óleos essenciais (Atta-ur-Rahman, 2001).

1.7.3. Cromatografia em coluna gravitacional com sílica

Trata-se de uma técnica em que a fase estacionária é constituída por adsorventes sólidos, como o gel de sílica, e a fase móvel é um líquido que flui através da fase estacionária de gel de sílica por gravidade. A amostra é colocada no topo da fase estacionária na presença da fase móvel. A separação dos compostos depende da polaridade da fase móvel, bem como da polaridade do composto. A eficiência da separação depende do caudal da fase móvel, bem como da altura da coluna. Este método é aplicado industrialmente na purificação do óleo de citrinos. O óleo de citrinos é extraído pelo método de prensagem a frio e o óleo resultante contém terpenos indesejados que são apolares. O óleo de citrinos passa através da coluna de sílica onde a fração polar necessária é adsorvida à fase estacionária polar e os terpenos indesejados são eluídos com a fase móvel. Em seguida, a fração polar desejável do óleo de citrinos pode ser eluída com solvente polar (Jiang, et al. 2016).

1.7.4. Cromatografia de exclusão por tamanho com Sephadex LH-20

O Sephadex LH-20 é um meio de cromatografia líquida concebido para o dimensionamento molecular de produtos naturais, tais como esteróides, terpenóides, lípidos e péptidos de baixo peso molecular. Alterando também a composição da fase móvel, o meio pode separar mais eficientemente os componentes da amostra por partição entre as fases estacionária e móvel. O Sephadex LH-20 é capaz de separar moléculas estreitamente relacionadas. Devido à sua seletividade cromatográfica única, com dupla natureza hidrofílica e lipofílica, esta matriz pode ser utilizada para a purificação inicial antes da purificação em PHPLC ou noutras técnicas cromatográficas avançadas. Esta propriedade única do Sephadex LH-20 é ideal para a separação de componentes em óleos essenciais, incluindo sesquiterpenos e monoterpenos (Kozykeyeva, et al. 2020).

1.7.5. Cromatografia líquida de alto desempenho preparativa (PHPLC)

Existem muitas abordagens para melhorar a eficiência da separação de um produto natural ou de uma mistura de compostos. Uma prática comum é aumentar o comprimento da coluna ou utilizar mais do que uma coluna para o processo de isolamento. No entanto, o aumento do comprimento da coluna é limitado devido ao desenvolvimento de contrapressão no sistema. Por conseguinte, a reciclagem da amostra completa ou de uma fração da amostra através da mesma coluna será a abordagem mais viável e prática para o isolamento e a purificação de produtos naturais. O sistema HPLC de reciclagem (Figura 1.27), que é um tipo de sistema PHPLC utilizado para o isolamento e a purificação de diferentes tipos de produtos naturais, incluindo enantiómeros, diastereómeros, epímeros e isómeros posicionais (Sidana e Joshi, 2013).

A reciclagem do eluente pode ser conseguida através da incorporação de uma válvula de reciclagem no sistema de HPLC para recircular os compostos não resolvidos de volta para a coluna. A HPLC de reciclagem pode ser utilizada tanto à escala semi-preparativa como à escala preparativa, tanto em colunas de fase normal como de fase inversa.

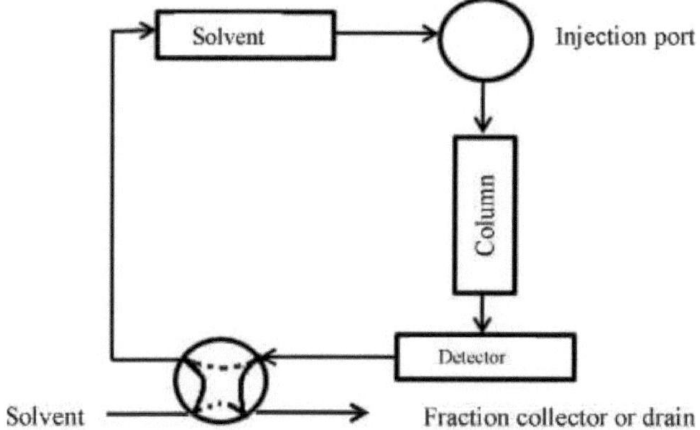

Figura 1.27: Reciclagem da amostra completa ou de uma fração da amostra através da mesma coluna

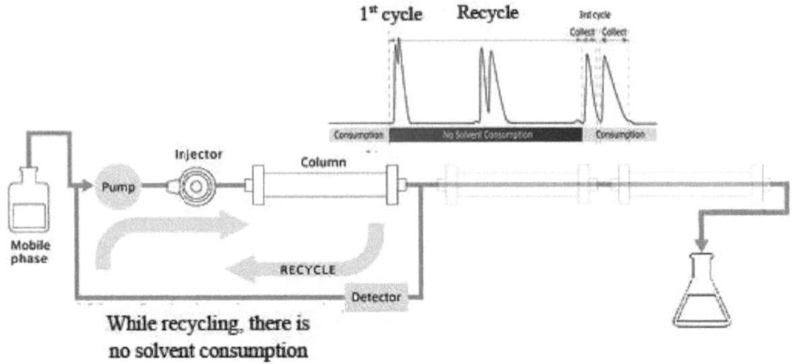

Durante a reciclagem, não há consumo de solventes

Figura 1.28: Diagrama esquemático de um sistema de HPLC de reciclagem em circuito fechado (Sidana, 2013)

O método de reciclagem em circuito fechado é a versão mais antiga da HPLC de reciclagem. A figura 1.28 representa o diagrama esquemático de um sistema de HPLC de reciclagem em circuito fechado. A HPLC de reciclagem convencional implica a reinjecção da fração no sistema, uma e outra vez, até se atingir a separação de base adequada. Na HPLC de reciclagem, pode ocorrer a mistura da parte residual do primeiro pico com a parte principal do pico seguinte, o que diminui a resolução do pico. Para evitar esta contaminação, pode proceder-se à eluição das partes principais e secundárias e reciclar o resto da fração pura para obter uma pureza muito melhor. Este conceito é conhecido por "peak shaving", que permite uma melhor recuperação do composto visado. Outro modo de reciclagem consiste em injecções múltiplas de alimentação seguidas de peak shaving. Devido ao processo de peak shaving, a quantidade de amostra diminui e, para manter a quantidade, procede-se à injeção de amostra na coluna num determinado ponto do procedimento cromatográfico. Existem outras técnicas disponíveis, como as técnicas de estado estacionário em circuito fechado (SSR) e de leito móvel simulado (SMB) na HPLC de reciclagem. Além disso, a HPLC de reciclo bidimensional de fluxo parado na coluna está disponível para a separação de enantiómeros da mistura racémica por coluna quiral.

1.7.6. Destilação fraccionada

O fracionamento é a técnica cromatográfica que é utilizada para isolar compostos de óleos essenciais à escala comercial. A unidade é constituída por um recipiente de destilação, um elemento de aquecimento, uma coluna fraccionada, um condensador, receptores e uma bomba de vácuo. As fracções isoladas contêm muito provavelmente uma elevada percentagem de um único composto e algumas impurezas. Ocasionalmente, as fracções isoladas contêm compostos quase puros, o que é determinado pelo número de compostos e tipos de compostos existentes no óleo essencial. Por conseguinte, o processo de destilação fraccionada é realizado sob pressão reduzida (sob vácuo) para evitar a decomposição térmica dos componentes do óleo essencial. Além disso, possui uma coluna fraccionada com material de embalagem para separar os compostos do óleo essencial durante a ebulição. A eficiência da coluna depende do comprimento da coluna, bem como do tamanho do material de embalagem. A maior parte das unidades de destilação fraccionada a nível laboratorial e comercial de pequena escala têm colunas fraccionadas de vidro ou aço inoxidável com anéis Raschig como material de embalagem. Os óleos essenciais, como o óleo de eucalipto, o óleo de cravinho, o óleo de folha de canela, o óleo de terebintina, o óleo de citronela, o óleo de erva-limão, o óleo de Ho-oil, o óleo de palmarosa e o óleo de *Cinnamomum camphora*, são fraccionados comercialmente por destilação fraccionada. Os isolados naturais resultantes, incluindo o 1,8-cineol do óleo de eucalipto, o eugenol do óleo de cravinho e de folhas de canela, o a-pineno do óleo de terebintina, o citronelal do óleo de citronela, o citral do óleo de erva-limão, o linalol do óleo de Ho, o geraniol do óleo de palmarosa e a cânfora do óleo *de Cinnamomum camphora*, são utilizados comercialmente nas áreas dos aromas, fragrâncias, cosmética, farmacêutica e agrícola em todo o mundo (Guenther, 1969). Para além da destilação fraccionada, alguns óleos essenciais requerem ratificação. A ratificação também pode ser feita com a unidade de destilação fraccionada. O óleo de limão destilado a vapor transporta muitas vezes impurezas indesejáveis que afectam o odor e o sabor do óleo. Por conseguinte, a retificação é necessária para remover esses constituintes químicos, tais como compostos de enxofre, compostos azotados, fenóis de elevado peso molecular e componentes de cera.

1.8 Técnicas analíticas utilizadas na análise de óleos essenciais

Os óleos essenciais são substâncias voláteis que podem ser facilmente separadas e analisadas por cromatografia gasosa (GC), que é o método dominante para a análise de óleos essenciais. Os óleos essenciais são misturas complexas de compostos que necessitam de um grande poder de resolução na técnica analítica para resolver cada um dos picos. No entanto, a resolução dos picos por si só não é suficiente para analisar esses óleos essenciais. É necessário um detetor com elevada sensibilidade e seletividade específica. Por conseguinte, a espetrometria de massa por cromatografia gasosa é a melhor opção para efetuar a análise qualitativa de óleos essenciais. No entanto, a GC-MS e a GC-MS/MS fornecem a melhor solução para a análise qualitativa, devendo existir uma melhor técnica para efetuar a análise quantitativa dos óleos essenciais. A cromatografia em fase gasosa com deteção por ionização de chama é a melhor opção para a análise quantitativa de óleos essenciais, pois é um detetor seletivo para os compostos que contêm carbono. No entanto, estas técnicas não são suficientes para detetar a adulteração de óleos essenciais. Por conseguinte, a cromatografia gasosa - espetrometria de massa de razão isotópica (GC-IRMS) é a melhor solução para detetar adulterações em óleos essenciais (Baser & Buchbauer, 2010).

1.8.1 Cromatografia em fase gasosa (GC)

A análise cromatográfica em fase gasosa foi inventada por James e Martin em 1952 e tornou-se a técnica analítica mais importante e amplamente aplicada no controlo da qualidade dos óleos essenciais e dos produtos relacionados com os óleos essenciais. Após a sua introdução, a CG foi desenvolvida com colunas capilares de sílica fundida para aumentar a resolução dos picos e um detetor de espetroscopia de massa para aumentar a sensibilidade do detetor para a análise de vestígios de voláteis. Além disso, a CG foi desenvolvida a um ritmo fenomenal, tornando-se atualmente um instrumento altamente sofisticado para a análise de novos compostos voláteis e semi-voláteis incorporados em diferentes matrizes. Por conseguinte, os desenvolvimentos instrumentais nas áreas da injeção de amostras, colunas e detectores ocorreram rapidamente para alcançar a máxima robustez, precisão, seletividade e sensibilidade da GC (Marriott, et al. 2001).

O cromatógrafo de fase gasosa, que efectua a análise por cromatografia gasosa ou cromatografia gás-líquido (GLC), é constituído basicamente por uma garrafa de gás portador, um injetor, uma coluna cromatográfica, um forno de coluna e um detetor (figura 1.29). Trata-se de um tipo de técnica cromatográfica em que a fase móvel é um gás, geralmente um gás inerte, como o hélio ou o azoto, e a fase estacionária é uma fina camada de líquido sobre um suporte sólido inerte, no interior de um tubo de vidro ou de metal, denominado coluna capilar. Por conseguinte, é geralmente designada por cromatografia gás-líquido, com referência à fase móvel gasosa e à fase estacionária líquida.

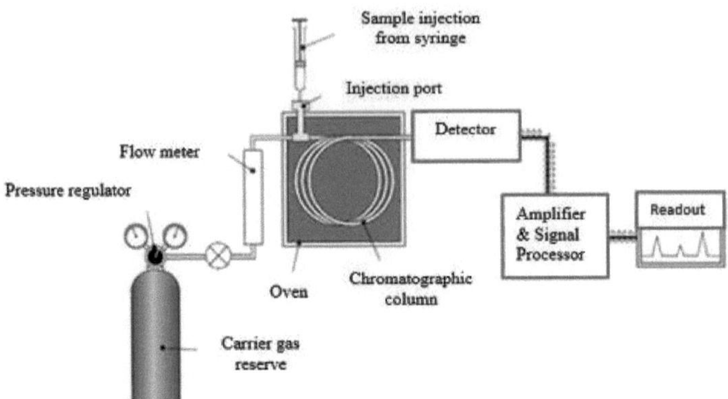

Figura 1.29: Diagrama esquemático do cromatógrafo de gás (GC)

O gás de transporte deve ser quimicamente inerte, isento de humidade e de gases estranhos de elevada pureza. Os gases habitualmente utilizados são o hélio, o azoto, o árgon e o hidrogénio. A escolha do gás portador depende, na maioria dos casos, do tipo de detetor utilizado. Além disso, o gás de arrastamento é por vezes selecionado com base no preço, na disponibilidade, na segurança e na matriz da amostra. Por exemplo, o hélio de elevada pureza é por vezes difícil de obter e o hidrogénio é inflamável, pelo que é necessário tomar precauções. A pureza do gás de arrastamento é muito importante, uma vez que o espetrómetro de massa é utilizado como detetor, sendo muito sensível às impurezas. Por conseguinte, os cromatógrafos de gás modernos exigem que a pureza do gás portador seja de, pelo menos, 99,9999% (grau 5.0). No entanto, a humidade e outras impurezas são removidas no interior do sistema através de um coletor de humidade, de um coletor de hidrocarbonetos e de um coletor de oxigénio.

O injetor ou a entrada do sistema consiste numa porta de injeção onde a amostra é introduzida na coluna. A injeção da amostra pode ser feita manualmente ou utilizando um amostrador automático. Os tipos de entrada mais comuns são o tipo split/split-less, na coluna e PTV (vaporização a temperatura programável). O tipo de entrada split/spilt-less pode funcionar em modo split-less, em que o volume total da amostra introduzida é levado para a coluna, e o modo split leva apenas uma fração da amostra introduzida para a entrada. No entanto, em ambos os modos, as entradas são aquecidas a uma temperatura elevada de cerca de 230^0 C para vaporizar a amostra. A entrada na coluna transfere toda a amostra sem aquecimento para a coluna, o que se aplica normalmente aos compostos termolábeis. Além disso, o injetor PTV pode ser programado em função da temperatura, o que pode ser utilizado em ambos os modos, split/ split-less, especialmente para analisar amostras que contenham compostos lábeis ao calor.

O amostrador automático fornece o mecanismo para introduzir uma amostra automaticamente nas entradas. A injeção automática de amostras proporciona uma melhor reprodutibilidade e otimização do tempo em comparação com a inserção manual. Os amostradores automáticos mais recentes adoptam as tecnologias robóticas para injetar amostras nas direcções XYZ, o que facilita os métodos de amostragem de líquidos, de espaço livre estático, de espaço livre dinâmico e de microextracção em fase sólida (SPME) em múltiplas entradas.

O injetor é ligado à coluna GC onde os componentes da mistura são separados de acordo com a polaridade e o peso molecular de cada componente. Atualmente, os óleos essenciais são mais frequentemente realizados em colunas capilares de sílica fundida, que são termoestáveis e têm um desempenho superior na separação de compostos. As fases estacionárias mais comuns em colunas tubulares abertas são o cianopropilfenilpolissiloxano, o carbowax polietilenoglicol, o biscianopropil cianopropilfenilpolissiloxano e o difenil dimetilpolissiloxano. Os polissiloxanos são as fases estacionárias mais comuns, com maior variedade, mais estáveis, robustas e versáteis. No entanto, a fase estacionária mais utilizada para os óleos essenciais é o polietilenoglicol carbowax, que é utilizado em colunas de cera. Mas as fases estacionárias de polietilenoglicol são menos estáveis, menos robustas e têm limites de temperatura mais baixos do que a maioria dos polissiloxanos.

Os detectores mais utilizados na análise de óleos essenciais são o detetor de ionização de chama (FID) e o detetor de espetroscopia de massa (MS). No entanto, o detetor de condutividade térmica (TCD), o detetor de azoto e fósforo (NPD) e o detetor de captura de electrões (ECD) são utilizados para a análise de outros tipos de líquidos e gases voláteis. Além disso, os detectores FID, TCD, NPD e ECD não fornecem informações estruturais sobre as moléculas analisadas, limitando-se a fornecer os dados de retenção como tempo de retenção. Por conseguinte, o sistema GC-MS fornece mais pormenores sobre os compostos presentes no óleo essencial e, subsequentemente, fornece um poderoso sistema de aquisição e processamento de dados, incluindo a possibilidade de pesquisa em bibliotecas. Existem duas bibliotecas gerais para identificar compostos voláteis desconhecidos, incluindo as bibliotecas NIST (NIST 17 é a edição mais recente) e Wiley. No entanto, existem bibliotecas especializadas Wiley disponíveis, incluindo medicamentos, pesticidas, aromas e fragrâncias (Marriott, et al. 2001).

1.8.2 Análise por cromatografia em fase gasosa com deteção por ionização de chama

O detetor de ionização de chama (FID) é um tipo de detetor utilizado em cromatografia gasosa para medir hidrocarbonetos voláteis numa mistura líquida ou gasosa. No entanto, não responde a compostos como os óxidos de azoto, H_2S, NH3, SO_2, CO, CO_2, H_2O ou CCl_3. É sensível à massa de cada composto, que representa a quantidade de carbono, mas não à concentração da amostra. Qualquer hidrocarboneto em estado gasoso produz iões de carbono (CHO+) quando é queimado na chama de hidrogénio-ar. Para detetar os iões de carbono produzidos, o FID dispõe de dois eléctrodos que criam uma diferença de potencial. A placa coletora de iões está ligada ao elétrodo negativo e, devido ao embate dos iões na placa, é induzida uma corrente (figura 1.30). Assim, a corrente gerada é proporcional à taxa de ionização e ao número de carbonos produzidos pelo respetivo hidrocarboneto.

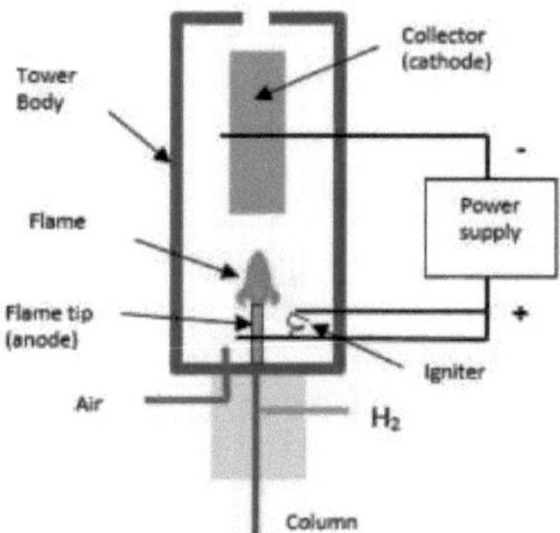

Figura 1.30: Diagrama esquemático do Detetor de Ionização por Chama (FID) (Deepak, 2018)

Os caudais dos gases de combustão devem ser regulados corretamente para que o detetor FID funcione sem problemas. Em geral, a proporção de ar e hidrogénio deve ser de aproximadamente 10:1, sendo o caudal de hidrogénio de 30-45 ml/min com um caudal de ar correspondente de 300-450 ml/min. A seletividade do FID depende do caudal de hidrogénio e diminui à medida que o caudal de hidrogénio se desvia para um valor superior ou inferior ao ótimo. A sensibilidade do detetor deve ser especificada como um nível mínimo detetável (MDL) ou como uma medida da relação sinal/ruído (S/N) para uma quantidade específica de amostra injectada. O FID tem normalmente um MDL de 1,4 pg C/s (pico gramas de carbono por segundo) e uma sensibilidade de 0,03 Couloms/gC (Couloms por gramas de carbono). Em geral, o detetor FID tem uma gama dinâmica muito grande (10^7), uma sensibilidade elevada, limites de deteção baixos e um volume morto pequeno ($_{10-2}$ LII.), o que o tornou provavelmente um dos detectores GC mais populares atualmente em uso.

1.8.3 Análise cromatográfica em fase gasosa com detetor de espetrometria de massa (MS)

O detetor de espetroscopia de massa combinado com o cromatógrafo de gás, conhecido como cromatografia de gás-espetrometria de massa (GC-MS), identifica os constituintes de misturas complexas de aromas e fragrâncias. Nas últimas décadas, tem sido uma ferramenta extraordinária para o desenvolvimento da indústria de óleos essenciais através da investigação e desenvolvimento. Pode ser definido como o mecanismo de formação de iões gasosos por fragmentação e esses iões são depois caracterizados pela sua relação massa/carga (m/z) em relação às abundâncias relativas. Além disso, é popularizado entre os especialistas em óleos essenciais devido a várias caraterísticas, incluindo um custo de funcionamento relativamente baixo, aquisição rápida de dados, fiabilidade e precisão dos dados e simplicidade de conceção. O sistema de aquisição e processamento de dados inclui um sistema de pesquisa automática na biblioteca que compara os espectros de massa desconhecidos com os dados espectrais da biblioteca de referência de EM. No entanto, alguns casos, como os isómeros, quando analisados por GC-MS, podem ser incorretamente identificados. Por conseguinte, a fim de aumentar a fiabilidade dos dados de CG-EM, o índice de retenção é uma ferramenta notável. O índice de retenção em conjunto com os dados de pesquisa da biblioteca GC-MS é o procedimento mais aceite.

1.8.4 Espectroscopia de infravermelhos

A espetroscopia de infravermelhos é uma técnica muito poderosa que utiliza a radiação electromagnética na região do infravermelho para a determinação e identificação da estrutura molecular. O princípio baseia-se na vibração molecular, em que a molécula absorve a energia emitida pela radiação infravermelha e, quando volta à sua forma original, a energia é libertada. A energia absorvida e libertada é registada pelo aparelho e traduzida num espetro de banda que representa os espectros de absorção e de emissão, respetivamente. A espetroscopia de infravermelhos pode ser classificada em três regiões principais, dependendo da frequência dos infravermelhos, incluindo o infravermelho distante (400 - 33 $_{cm-}{}^{1}$), o infravermelho médio (4000 - 400 $_{cm-}{}^{1}$) e o infravermelho próximo (12820 - 4000 $_{cm-}{}^{1}$).

O grande avanço na espetroscopia de infravermelhos foi a introdução da espetroscopia de infravermelhos com transformada de Fourier (FT-IR), com a ajuda de um interferómetro que converte o seu resultado numa imagem espetral através de uma operação matemática. A FT-IR, em conjunto com a análise de regressão multivariada, é muito útil para a autenticação de óleos essenciais. Por exemplo, a técnica FT-IR pode ser utilizada para identificar óleos adulterados de wintergreen, de árvore de chá, de alecrim e de eucalipto com óleo de erva-limão ou de hortelã-pimenta. Além disso, é um processo barato e fácil de utilizar, bem como um método rápido, o que faz da espetroscopia de IV o método mais utilizado em todo o mundo (Baranska, 2005). Atualmente, é sobretudo utilizada como técnica analítica secundária com técnicas avançadas como a RMN e a GC-MS/MS para a caraterização e identificação de compostos em óleos essenciais.

1.8.5 Análise por ressonância magnética nuclear (RMN)

Os isótopos que contêm um número ímpar de protões e/ou neutrões têm um momento magnético nuclear intrínseco, bem como um momento angular, enquanto os nuclídeos com números pares têm um spin total de zero. Por conseguinte, os núcleos mais comuns^{1} H e^{13} C são considerados na espetroscopia de RMN. A ressonância magnética nuclear (RMN) é um método espetroscópico poderoso e independente que fornece informações pormenorizadas sobre a estrutura molecular, o estudo da física molecular em cristais e em materiais não cristalinos e a observação direta de uma reação química. É também utilizado como método quantitativo para quantificar a concentração de um determinado composto numa mistura complexa. Embora seja necessária uma grande quantidade de amostra do que a espetroscopia de massa, é um método cromatográfico não destrutivo que utiliza um peso de amostra inferior a 1 mg (Berger e Braun, 2004). A espetroscopia de RMN pode ser dividida em duas categorias: RMN unidimensional (RMN-1D) e RMN bidimensional (RMN-2D). ^{1}Os espectros de RMN de H e^{13} C fornecem informações sobre a composição qualitativa e quantitativa de um composto desconhecido e esses dados são utilizados em primeiro lugar para a determinação da fórmula molecular. Juntamente com os espectros 1D-NMR;^{1} H e^{13} C-NMR, os dados 2D-NMR são utilizados na elucidação da estrutura de uma molécula desconhecida (Reynold e Enriquez, 2002). Por conseguinte, as técnicas de 2D-NMR, tais como H-^{11} H-COSY (espetroscopia de correlação), HSQC (correlação quântica simples heteronuclear) e HMBC (coerência de ligações múltiplas heteronucleares) são essenciais para a elucidação da estrutura de um composto isolado (Silverstein, R.M., Webster, F.X., Kiemle, D.J. 2005).

A espetroscopia NMR fornece informações sobre a autenticidade dos óleos essenciais através da determinação de rácios de isótopos estáveis que comparam os padrões de isótopos de moléculas sintéticas e naturais para efeitos de diferenciação. A RMN quantitativa de deutério mede variações significativas do isótopo de deutério num determinado composto em relação ao composto original. A RMN é uma das melhores técnicas para a identificação de compostos, mas requer o isolamento do composto, uma operação e interpretação de dados experientes e um investimento significativo.

1.9 Reservas florestais selecionadas e sua biodiversidade no Sri Lanka

1.9.1 Bio-diversidade das florestas do Sri Lanka

O Sri Lanka é conhecido como um dos 25 pontos quentes biológicos do mundo devido à elevada biodiversidade da flora e da fauna nas reservas florestais mundialmente famosas, como Sinharaja e Kanneliya (Myers *et al.* 2000). Além disso, o Sri Lanka tem a maior biodiversidade por unidade de superfície na região asiática. A riqueza da biodiversidade deve-se principalmente à diversidade do terreno e às variações climáticas. Foram registadas mais de 3850 espécies de plantas com flor, das quais 927 espécies (cerca de 28%) são endémicas do Sri Lanka (Gunatilleke *et al.* 2008) e, destas, pouco menos de metade são consideradas ameaçadas. No entanto, não existem famílias endémicas, mas 19 géneros são endémicos da ilha.

Ashton e Gunatilleke (1987) identificaram 15 regiões florísticas no Sri Lanka com base na flora de angiospermas. Existem nove regiões florísticas na zona húmida, incluindo duas regiões com uma riqueza florística excecional em comparação com as outras regiões húmidas do Sri Lanka e mesmo de todo o Sul da Ásia. A Reserva Florestal de Sinharaja e o complexo florestal KDN (Kanneliya, Dediyagala e Nakiyadeniya) são as duas reservas florestais mais ricas em termos florísticos na zona húmida do Sri Lanka. Além disso, 90% das espécies endémicas concentram-se na parte sudoeste da ilha, onde se situam Sinharaja e o complexo KDN.

Para além do complexo Sinharaja e KDN, as reservas florestais de Ritigala apresentam um endemismo relativamente elevado de espécies vegetais entre as florestas da zona seca. A reserva natural de Ritigala representa a maior colina isolada do Sri Lanka, onde foram registados 409 taxa de plantas inferiores e superiores. O endemismo em Ritigala é notavelmente elevado em comparação com o resto das florestas da zona seca, na medida em que a presença de muitas espécies endémicas da zona húmida contribui para a rica diversidade da sua flora. Entre as espécies de angiospérmicas da reserva florestal de Ritigala, 54 espécies (16,4%) são endémicas do Sri Lanka. *A Ipomea jucunda*, uma das espécies endémicas do Sri Lanka, só pode ser encontrada na Reserva Florestal de Ritigala. É evidente que Ritigala constitui um habitat natural para espécies extremamente raras e susceptíveis de serem extintas noutras zonas da ilha (Jayasuriya, 1984).

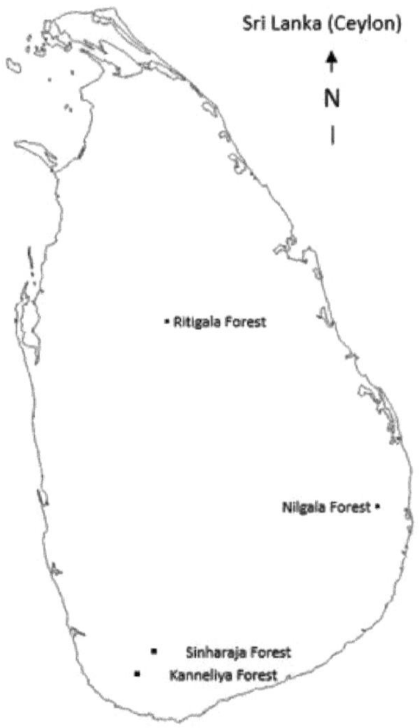

As reservas florestais de Nilgala, Danigala e Rathugala na província de Uva e no distrito de Monaragala representam um coberto florestal de zona seca intermédia com uma biodiversidade muito rica. Este facto deve-se principalmente à multiplicidade de variações geográficas e ao isolamento devido à inacessibilidade. Além disso, são áreas ricas em plantas medicinais bem conhecidas, onde existem 52 famílias, 147 géneros e 252 espécies, incluindo uma variedade muito diversificada de elementos de zonas secas, intermédias e húmidas. Algumas dessas espécies da zona húmida (*Impatiens* spp. e *Didymocarpus* spp.) existem normalmente em zonas sub-montanas. Existem algumas espécies (*Lindjenia* spp. e *Cinnamomum* spp.) que não foram identificadas devido à indisponibilidade de flores e frutos (Jayasingham, 2007).

1.9.2 As reservas florestais do Sri Lanka selecionadas para o estudo

Foram selecionadas quatro reservas florestais para o trabalho de investigação, incluindo as reservas florestais de Sinharaja, Kanneliya, Nilgala e Ritigala, com base na biodiversidade, na localização geográfica e nas condições climáticas.

1.9.2.1 Reserva florestal de Sinharaja

Sinharaja, reconhecida como zona selvagem do património nacional, situa-se na zona húmida de terras baixas do sudoeste do Sri Lanka, entre as latitudes 6^0 21' e 6^0 26' Norte e as longitudes 80^0 21' e 80^0 34' Este. É relativamente a maior floresta húmida de terras baixas e de média altitude do Sri Lanka e estende-se pelos distritos de Galle, Matara e Ratnapura, pertencentes às províncias do Sul e de Sabaragamuwa. Antes de 1972, estava protegida devido à sua inacessibilidade e, entre 1972 e 1977, a parte ocidental da floresta foi explorada para a indústria do contraplacado. No entanto, os contínuos protestos dos defensores da natureza conseguiram finalmente proibir o abate de árvores e a área restante de 8 500 ha foi declarada Reserva Internacional do Homem e da Biosfera (MAB). Em 1985, o Departamento Florestal estabeleceu limites vivos para a reserva florestal, plantando *pinheiros*. No final da década de 1980, foram incluídos na floresta 2687 ha adicionais de florestas de Lower Mountain na extremidade oriental de Thangamalai e Morningside, perfazendo um total de 11 187 ha. Em 1988, toda a área foi declarada área selvagem do património nacional. Segundo a Organização das Nações Unidas para a Educação, a Ciência e a Cultura (UNESCO), a Reserva Florestal de Sinharaja foi designada como reserva da biosfera e património mundial em 1990.

A floresta de Sinharaja é dominante entre as florestas tropicais do Sri Lanka no que diz respeito à riqueza da biodiversidade e à presença de espécies endémicas e ameaçadas. Por conseguinte, é o principal fator que contribui para identificar o Sri Lanka como um dos pontos quentes da biodiversidade no mundo. Além disso, a reserva florestal de Sinharaja serve de laboratório ao ar livre em todos os níveis de actividades educativas e de investigação, especialmente nos níveis secundário e terciário. É a floresta tropical de planície mais popular para o eco-turismo no Sri Lanka.

A precipitação média anual varia entre 3 600 mm e 5 000 mm, sendo a precipitação mais elevada durante a monção do sudoeste, de maio a julho, e a mais baixa durante a monção do nordeste, de outubro a janeiro. Por conseguinte, a floresta de Sinharaja é uma das bacias hidrográficas mais importantes do país, com vários cursos de água a desaguar nos rios Kalu Ganga e Ging Ganga. A temperatura média varia entre 19^0 C e 29^0 C e não existe uma estação seca distinta. O leito rochoso de Sinharaja é constituído por rochas metamórficas da série Highland e os solos que o cobrem são Ultisols.

Trata-se de uma floresta multiestratificada dominada, ao nível do dossel, por árvores de reboque (árvores emergentes), principalmente de espécies de Dipterocarpaceae, como *Dipterocarpus zeylanicus*, *Dipterocarpus hispidus*, etc., e algumas espécies de shorea. O estrato de copa é constituído por árvores com uma altura de 30 m a 45 m, incluindo árvores como *Mangifera zeylanica*, *Campnosperma zeylanicum*, *Shorea affinis*, etc. Os estratos do sub-dossel são constituídos por árvores, arbustos e ervas, bem como por trepadeiras lenhosas que frequentemente atingem o dossel, representantes das famílias Euphorbiaceae, Myrtaceae, Dipterocarpaceae, Rubiaceae, Clusiaceae, etc. De acordo com o estudo da biodiversidade efectuado para todas as florestas (200 ha), Sinharaja apresentou o maior número de espécies de plantas lenhosas entre as florestas do Sri Lanka. O estudo revelou que, de 337 espécies lenhosas, 192 eram endémicas e 162 espécies estavam globalmente ameaçadas.

No final da década de 1950, foi realizada a primeira atividade de investigação para inventariar o potencial madeireiro da floresta. Em seguida, foi iniciada a primeira investigação biológica para examinar a riqueza e a distribuição da biodiversidade com vista à conservação efectiva da floresta. Mais tarde, foram realizados muitos projectos de investigação em diferentes áreas, como a biologia reprodutiva de plantas economicamente importantes colhidas diretamente na natureza, a diversidade genética de *dipterocarpos*, a economia dos recursos naturais e a etno-botânica e sociologia rural das aldeias circundantes. Em 1977, foi iniciada uma investigação sobre a riqueza florística de Sinharaja, especialmente no que respeita às espécies arbóreas. No entanto, não foi efectuado qualquer estudo exaustivo sobre as plantas produtoras de óleo essencial na floresta de Sinharaja.

1.9.2.2 Reserva florestal de Kanneliya

A Reserva Florestal de Kanneliya, uma das florestas do complexo florestal de Kanneliya-Dediyagala-Nakiyadeniya (KDN), designada como reserva da biosfera em 2014 pela UNESCO, tem 58% de endemismo. Kanneliya tem o endemismo mais elevado, Dediyagala está em segundo lugar e Nakiyadeniya é o mais baixo em termos de endemismo no complexo KDN (Gunatilleke & Darby, 1995). O complexo florestal KDN está situado entre as longitudes 81^0 19' e 81^0 27' Este e as latitudes 6^0 09' e 6^0 18' Norte e estende-se pelos distritos de Galle e Matara. Embora a floresta esteja sobreexplorada, o complexo KDN é a reserva florestal mais extensa entre as florestas tropicais de terras baixas, a seguir à floresta de Sinharaja. A extensão total do complexo florestal KDN foi declarada como 10.139,3 ha em 1994. A floresta de Kanneliya é a maior das três florestas do complexo KDN, com uma extensão de 5305,9 ha. É constituída por uma série de cumes e vales e a sua altitude varia entre 60 e 425 m acima do nível médio do mar. O complexo florestal KDN é muito importante para o sul da província, pois protege as cabeceiras dos rios Gin e Nilwala, beneficiando diretamente o desenvolvimento social e económico dos distritos de Galle e Matara. Além disso, de acordo com o relatório da IUCN de 1993, as secções de Dediyagala e Kanneliya estão classificadas como as que têm o maior número de cursos de água nestas florestas, incluindo 245 e 111, respetivamente, no sul da província. Trata-se de uma floresta húmida com uma temperatura média de 27° C e uma precipitação anual de cerca de 3750 mm. Há duas estações, incluindo chuvas fortes de maio a junho e de outubro a novembro, e uma estação seca relativamente curta de janeiro a março.

O complexo florestal KDN representa uma vegetação de floresta húmida sempre verde com a estrutura caraterística de vários andares dominada por espécies de *Dipterocarpus*. Em 1950, de Rosayro identificou as principais comunidades do complexo florestal no seu estudo de inventário florestal do KDN. Com base no estudo de Ashton e Gunatilleke (1987), das 15 regiões florísticas, há 9 regiões florísticas na zona húmida, incluindo duas regiões, a região 7 e a região 9, com uma riqueza florística excecional em comparação com as outras regiões. O complexo KDN está localizado na região florística 7, conhecida como uma das áreas mais ricas em termos florísticos do país. No entanto, de acordo com o estudo biológico realizado em 1993 pela UICN, concluiu-se que a riqueza de espécies e a diversidade biológica das plantas com flor no complexo KDN são ainda relativamente elevadas, apesar de grande parte da vegetação ter sido destruída pelo abate de árvores. Além disso, os segmentos florestais de Kanneliya, Dediyagala e Nakiyadeniya foram objeto de um levantamento e comparação da sua informação florística por Singhakumara em 1994, de acordo com o Quadro 1.6.

Neste estudo, foram identificadas 319 espécies lenhosas representando 194 géneros e 75 famílias. De acordo com o Livro Vermelho da IUCN (1994), foram identificadas 319 espécies lenhosas no complexo florestal KDN, 22% ameaçadas de extinção, 27% vulneráveis, 45% raras e 3% desconhecidas. De acordo com o National Conservation Review (NCR) de 1991 a 1996 do Departamento Florestal, a Reserva Florestal de Kanneliya foi identificada como a área de maior riqueza florística e biodiversidade no complexo florestal KDN (Quadro 1.6). De acordo com os dados produzidos no NCR, a reserva florestal de Kanneliya tem o segundo maior número de espécies de plantas endémicas no Sri Lanka. Além disso, a reserva de Kanneliya tem o maior número (16) de plantas lenhosas que são espécies internacionalmente ameaçadas. Além disso, o maior número de espécies de plantas foi registado na floresta de Kanneliya.

Devido à abundância de espécies endémicas na floresta de Kanneliya, esta foi selecionada para o programa de parentes selvagens das culturas (CWR) para cooperar com genes úteis de parentes selvagens para a melhoria da qualidade e do rendimento das respectivas culturas comerciais. Os CWR são úteis para o desenvolvimento de novas variedades, socioeconomicamente importantes como alimentos, culturas forrageiras, plantas medicinais, condimentos, espécies ornamentais e florestais, bem como para a utilização de plantas para a extração de óleos essenciais, óleos fixos e fibras. Por conseguinte, a reserva florestal de Kanneliya foi selecionada para desenvolver e conservar as espécies endémicas *de Cinnamomum*, incluindo *Cinnamomum capparu-coronde* (Cappurukurundu) e *Cinnamomum dubium* (Sewalakurundu). No âmbito do programa CWR, foram identificadas vinte espécies para estabelecer os critérios e o protocolo de monitorização das populações de cada espécie e desenvolver um plano de gestão para as proteger.

Quadro 1.6: Comparação das informações florísticas do complexo KDN (Singhakumara, 1994)

CaracterísticasKannaliya		DediyagalaNakiyadeniya	Total	
Número total de espécies	144	107	98	319
Endémicas	52%	55%	51%	N/A
Número total de indivíduos	1773	1067	463	N/A
Endémicas	63%	34.7%	60%	-
Área basal total ($_{m2}$)	76.96	49.10	26.76	-
Flora total (incluindo árvores, arbustos e ervas)	301	280	295	-
Número de espécies lenhosas	234	189	192	326
Espécies globalmente ameaçadas	15	9	10	-
Ameaçado a nível nacional	26	18	21	-

1.9.2.3 Reserva Florestal de Ritigala

Ritigala é uma cadeia de colinas proeminente e isolada no distrito de Anuradhapura, com as coordenadas geográficas $_{800}$ 38' - $_{800}$ 40' E e 800'- $_{80}$ 9' N (Figura 1). O coberto florestal aproximado é de 1 528 ha e é uma das mais altas cadeias de colinas isoladas do Sri Lanka, elevando-se a uma altura de 766 m acima do nível do mar. A reserva florestal de Ritigala é famosa não só pelas suas caraterísticas interessantes em termos de flora e fauna, mas também pela sua importância arqueológica. De acordo com as provas arqueológicas, representa um antigo mosteiro budista fundado na primeira metade do século IX.

[th]Devido ao elevado endemismo da flora e da fauna, Ritigala foi declarada Reserva Natural Estrita (SNR) pela Notificação da Gazeta n.º 8809 de 7 de novembro de 1941 e a administração pertence inteiramente ao Departamento de Conservação da Vida Selvagem. No

entanto, de acordo com o relatório administrativo do Ceilão de 1950 a 1966, a SNR de Ritigala está reservada aos cientistas para os seus trabalhos de investigação pelo Departamento de Conservação da Vida Selvagem nessa altura.

Geograficamente, Ritigala pertence à série de colinas do Sri Lanka, que contém Charnockite, Quartzito e Mármore como rochas subjacentes. Está alinhada como uma cadeia de colinas com três cumes estreitos com cerca de 6,5 km de comprimento. O desfiladeiro pouco profundo, denominado Maha-degala, que se estende de oeste para leste, divide a cordilheira em duas partes principais, o bloco norte e o bloco sul. O pico mais alto é conhecido como Kodigala, que consiste numa enorme rocha em forma de cúpula localizada na parte norte do bloco sul da colina. O bloco norte é mais comprido e tem dois picos denominados Wannati-kanda e Unakanda (colina de bambu).

Ritigala está situada na zona seca, mas alguns dos factores climáticos importantes, como a temperatura e a precipitação anual, são significativamente diferentes da zona seca circundante. Ritigala tem um clima mais frio do que as planícies circundantes e recebe uma precipitação anual mais elevada do que os arredores. De acordo com os dados da estação meteorológica mais próxima, em Mahailluppallama, a temperatura média anual é de $27,_{1°C}$ e março-abril e agosto-setembro apresentam temperaturas elevadas de 33,3 - $33,_{4°C}$ e 32,7 - $33,_{30C}$, respetivamente. A precipitação média anual é de 1.483 mm, sendo o período chuvoso entre outubro e novembro e o período seco entre junho e setembro.

O primeiro botânico a subir a Ritigala foi Hendry Trimen, em 1887, que durante a sua pesquisa reuniu 28 colecções e registou a ocorrência de algumas espécies de árvores, incluindo uma nova espécie, *Coleus elongates*, e também uma nova variedade, *Thumbergia fragrance*. Além disso, J.C. Willis, durante a sua visita de campo em 1905, recolheu cerca de 140 espécimes representando cerca de 122 espécies e publicou a sua investigação no artigo "Flora of Ritigala, a study in endemism". Mais tarde, P.C.R.Jayasuriya, em 1935, publicou a sua vigilância com especial atenção para as orquídeas e listou 27 espécies de orquídeas e 12 espécies de árvores hospedeiras. No entanto, até à data, não foi efectuado nenhum estudo exaustivo sobre as plantas produtoras de óleo essencial na área florestal de Ritigala.

1.9.2.4 Reserva florestal de Nilgala

A crença popular entre os médicos tradicionais é que a floresta de Nilgala tinha sido o "jardim de plantas medicinais" do famoso médico rei Buddhadasa. A reserva de Nilgala pertence à zona de vegetação florestal intermédia com terreno montanhoso, situada na região de Uva-Baddula (localizada na fronteira dos distritos de Ampara e Badulla) do Sri Lanka. A área aproximada da floresta é de 12432 ha. As coordenadas geográficas da floresta de Nilgala são 81^0 20', 7^0 12' e a altitude varia entre 150 e 250 m (Goonewardene *et al.* 2003).

A vegetação é constituída por extensas áreas de savana, floresta densa, vegetação antropogénica (arrozais) e massas de água com 252 espécies, incluindo 57 famílias de plantas com flores. Existem também 13 espécies de fetos e uma espécie de gimnospérmica (*Cycas circinalis*), que é a única gimnospérmica nativa encontrada na ilha. As zonas de savana estão cobertas por espécies de árvores medicinais resistentes ao fogo, incluindo *Terminali achebula* (Aralu), *Terminali abellirica* (Bulu) e *Phyllanthus emblica* (Nelli). *Munronia pinnata* (Binkohomba) é uma espécie de planta medicinal rara e muito cara que se encontra na floresta de Nilgala. Para além destas plantas medicinais, espécies de plantas não medicinais como *Diospyros melanoxylon* (Kaumberiya*), Dialium ovoideum* (Gal-siyabala) e *Helecteresisora* (Liniya) estão amplamente distribuídas nesta floresta. Além disso, existem na floresta árvores produtoras de resina como *Vaticaobscura* (Dun) e *Pterocarpus masupium* (Gam-malu) e espécies de árvores de madeira (cerca de 52 espécies). Também as espécies produtoras de óleo essencial, como a canela selvagem, os citrinos, a maduruthala, o gengibre selvagem, a ankenda e a pimenta selvagem, são abundantes na floresta. Arbustos como *Phyllanthus emblica* e *Ziziphus* spp. estão disponíveis nas áreas de savana. A vegetação rasteira dominante é constituída por gramíneas altas e perenes, incluindo *Cymbopogoncon fertiflorus* e *Imperata cylindrica.* A floresta densa ou a floresta húmida consiste numa camada de copa dominada por *Nothopegiabeddomei, Diospyros oocarpa, Mangifera indica, Calophyllum omemtosum, Stereospermum personatum, Mesua Euphorbia longana* e *Berrya cordifolia.* Além disso, o estrato sub-dossel é dominado por *Allophyllus cobbe, Dimocarpus longan,* etc. O estrato arbustivo e de rebentos também existe na floresta densa. A área florestal é afetada por incêndios frequentes, que determinam a ecologia caraterística da região. Por conseguinte, o fogo é o fator ecológico mais importante responsável pela manutenção do ecossistema da savana. É benéfico para aumentar o processo de germinação das sementes.

As aldeias em redor da floresta são muito pobres e dependem totalmente da floresta para a sua subsistência. A maioria das pessoas recolhe frutos de Aralu, Bulu e Nelli como material de medicina tradicional. As folhas de Kaumberiya e os frutos de gal siyambala também são recolhidos como material não medicinal. Além disso, consoante a procura, são recolhidas plantas inteiras de *Evolvulus alsinoides*, *Aervalanata, Munroniapinnata* e *Ocimum sanctum.* Os frutos de *Helecteresisora* são recolhidos como material ornamental, enquanto o caule é recolhido como matéria-prima para o fabrico de produtos domésticos.

Referências:

Abu-Darwish, M.S., Cabral, C., Ferreira, I. V., Goncalves, M. J., Cavaleiro, C., Cruz,M.T., et al. (2013). Óleo Essencial de Sálvia Comum (Salvia officinalis L.) da Jordânia: Avaliação da Segurança em Células de Mamíferos e seu Potencial Antifúngico e Anti-Inflamatório. *BioMed Research International.* Volume, 2013, Artigo ID 538940, 1-9.

Akhila, A. (2010). Química e biogénese do óleo essencial do género *Cymbopogen.* Em Akhila, A. (Ed.), *Essential Oil Bearing Grasses The Genus Cymbopogen* (pp. 79 - 90). CRC Press, Londres e Nova Iorque.

Amiel, E., Ofir, R., Dudai, N., Soloway, E., Rabinsky, T. & Rahmilevitch, S. (2012). P-Caryophyllene, um composto isolado do bíblico de Gilead (Commiphora gileadensis), é um indutor seletivo de apoptose para linhas de células tumorais. *Medicina Complementar e Alternativa Baseada em Evidências*, 2012: 1-8.

Ansari, H.R. & Curtis, A.J. (1974). Sesquiterpenos na indústria de perfumaria. J. *Soc. Cosmet. Chem.* 25: 203 -231.

Anonis D.P. (2007). Notas amadeiradas em perfumaria: patchouli em fragrâncias, parte II. *Perfum Flavor.* 32: 30 - 35.

Ashton, P.S. & Gunathilleke, C.V.S. (1987). New light on the plant geography of Ceylon.I. Historical Plant Geography. *JBiogeogr.* 14.

Atta-ur-Rahman. (2001). Produtos Naturais Bioactivos (Parte D), Volume 23. Elsevier publishers, Nova Iorque, EUA.

Baser, K.H.C. & Buchbauer, G. (2010). Chemistry of Essential oils, Hand book of essential oils, CRC Press, New York.

Baser, K.H.C. F. & Demirci, (2007). Chemistry of Essential Oils, In Flavours and Fragrances: Chemistry, Bioprocessing and Sustainability, R.G. Berger (ed.), pp. 43-86, Berlim: Springer.

Baranska, M., Schulz, H., Reitzenstein, S., Uhlemann, U., Strehle, M.A., Kruger, H., et al. (2005). Estudos espectroscópicos vibracionais para a aquisição de um método de controlo de qualidade de óleos essenciais de eucalipto. *Biopolímeros*, 78, 237-248.

Bauer, K., Garbe, D. & Surburg, H. (1990). Common Fragrance and Flavor Materials. VCH Publishers, Nova Iorque, EUA.

Berger, S. & Braun, S. (2004). 200 and More NMR Experiments: A Practical Course, Wiley, New York

Berger, R.G. (2010). Sabores e Fragrâncias: Chemistry, Bioprocessing and Sustainability. Springer, EUA.

Bialon, M, Krzy'sko-Eupicka, T., Nowakowska-Bogdan, E. & Wieczorek, P.P. (2019). Composição química de dois óleos essenciais de lavanda diferentes e seu efeito na microbiota da pele facial, J. of Molecules, 24: 3270. 1- 17.

Bilia, A., R., Santomauro, F., Sacco, C., Bergonzi, M., C. & Donato, R. (2014). Óleo Essencial de *Artemisia annus* L.: Um Componente Extraordinário com Numerosas Propriedades Antimicrobianas. *Medicina complementar e alternativa baseada em evidências*, 2014: 1-7.

Bohlmann, J., Meyer-Guaen, G. & Croteau R. (1998). Terpenóides sintases de plantas: biologia molecular e análise filogenética. *ProcNatlAcadSci* USA; 95(8):4126-4133.

Bohm, B.A. (1965). *Chem. Rev*. 65: 435 - 86.

Boukhatem, M.N., Kameli, A., Ferhat, M.A., Saidi, F. & Mekarnia, M. (2013). Óleo essencial de gerânio rosa como fonte de medicamentos anti-inflamatórios novos e seguros. *Jornal Líbio de Medicina*. 8: 22500, 1- 7.

Calkin, R.R. & Jellinek, J.S. (1994). Perfumaria; Prática e princípios. John Wiley & Sons, Inc. Nova Iorque.

Champagnat, P., Figueredo, G., Chaichat, J., Carnat, A. & Bessiere, J. (2006). Um Estudo sobre a Composição de Óleos Comerciais de Vetiveria zizanioides de Diferentes Origens Geográficas. *Journal ofEssential OU Research*. 18: 4. 416 - 422.

Davis, B.D. (1958). Sobre a importância de estar ionizado. *Arch. Biochem. Biophys*. 78: 497 - 509.

Davis, B.D. (1951). Biossíntese aromática. I. The role of shikimic acid *J.Biol. Chem*. 191(1): 315 -25.

Deepak (2008), <https://www.lab-training.com>

Degenhardt, J., Kollner, T.G. & Gershenzon, J. (2009). Monoterpeno e sesquiterpeno sintases e a origem da diversidade esquelética do terpeno nas plantas. *Phytochemistry* 70: 1621 - 1637.

De Silva, K. T. (1995). Desenvolvimento de indústrias de óleos essenciais em países em desenvolvimento. Em K. T. De Silva (Ed.), A Manual of Essential oil Industry (pp. 1-11). Organização das Nações Unidas para o Desenvolvimento Industrial, Viena, Áustria.

Dharmadasa, R.M., Rathnayake, R.M.D.H., Abeysinghe, D.C., Rashani, S. A. N., Samarasinghe, K. & Attanayake, A.L.M. (2014). Triagem de variedades locais e introduzidas de Pogostemon heyneanus Benth. (Lamiaceae), para parâmetros físicos, químicos e biológicos de qualidade superior. *Revista Mundial de Pesquisa Agrícola*, Vol. 2, No. 6, 261-266.

Dhifi, W., Bellili, S., Jazi, S., Bahloul, N & Mnif, W. (2016). Óleos essenciais Caracterização química e investigação de algumas actividades biológicas: Uma revisão crítica. *Journal of Medicines*, 3(25), 1-16.

Dobreva, A., Velcheva, A., Bardarov, V. & Bardarov, K. (2013). Composição química de diferentes genótipos de rosas oleaginosas, *Bulgarian Journal of Agricultural Sciences*, 19 (No.6) 1213 - 1218.

Do, T. K. I., Hadji-Minaglou, F., Antoniotti, S. & Fernandez, X. (2015). Autenticidade de óleos essenciais, *TrendsinAnalytical Chemistry*. 66; 146-157.

Drieberg, J.C. (1936). A historical sketch of the cinnamon industry in Ceylon, *In Trop. Agric*, 87: 237 - 244.

Dubey, V.S. & Luthra, R., 2001. Biotransformação do acetato de geranilo em geraniol durante o desenvolvimento da inflorescência da palmarosa *(Cymbopogon martinii*, Roxb. wats. var.

motia). *Phytochemistry* 57, 675-680.

Ellis, A., I960. The Essence ofBeauty. Londres: Seeker and Warburg.

Elyemni, M., Louaste, B., Nechad, I., Elkamli, T., Bouia, A., Taleb, M., et al. (2019). Extração de óleos essenciais de Rosmarinus officinalis L. por dois métodos diferentes: Hidrodestilação e Hidrodestilação Assistida por Micro-ondas. *A revista Scientific World■*, Vol. 2019. 1- 6.

Fahn, A. (1979). Secretory Tissues in Plants, Academic Press, New York.

FAO. (1995). Óleos de canela (incluindo canela e cássia). In: Non-wood Forest Products for Rural Income and Sustainable Forestry. M-37, ISBN 92-5-103648-9. Divisão de Publicações, Organização para a Alimentação e a Agricultura, Roma, Itália.

Frister, T., Hartwig, S., Alemdar, S., Schnatz, K., Laura, T., Scheper, T., et al. (2015). Caracterização de uma variante recombinante de Patchoulol Synthase para produção biocatalítica de terpenos, *Appl. Biochem. Biotechnol.* (2015) 176, 2185-2201.

Gang, DR., Wang, J., Dudareva, N., Nam, K.H., Simon, J.E., et al. (2001) An investigation of the storage and biosynthesis of phenylpropenes in sweet basil. *PlantPhysiol* 125: 539-555.

Gattefosse, R. (1993). Gattefosse's Aromatherapy: O Primeiro Livro sobre Aromaterapia Paperback, C.W.Daniel Company Ltd.

Geevaratne, D.V.M., Jansz, E.R., Umapathy, C., Sunil Gamini, A.A., Makhmudov, A. & Ramasundara, N.S.K. (1979). Field Distillation of Cinnamon Leaf Oil, *J. Natn. Sci. Coun. Sri Lanka* 7(1): 31-38.

Geevaratne, D.V.M. (1981). *Sri Lankan Aromatic Plants of Economic Value;* Booklet No. 3, Spice Oleoresins. Instituto de Investigação Científica e Industrial do Ceilão. Sri Lanka.

Goonewardene, S., Hawke, Z., Vanneck, V., Drion, A., de Silva, A., Jayaratne, R., et al. (2004). Diversity of Nilgala Fire Savannah, Sri Lanka: with Special Reference to its Herpetofauna, Report ofProject Hoona.

Grochowski, L.L., Xu, H. & White, R.H. (2006). *klelhenocaldococcusjannaschii* utiliza uma via modificada do mevalonato para a biossíntese de isopentenil difosfato. *JBacteriol.* 188: 3192 - 3198.

Guenther, E. (1948). The Essential Oils, History-Origin in Plants Production - Analysis. Vol. 1, D. Van Nostrand Company, Inc. Nova Iorque, EUA.

Guenther, E. (1969). A indústria da cânfora e do óleo de cânfora. I Taiwan, II Japão, Relatório de um inquérito de campo, American perfumer and cosmetics.

Gunatilleke, N., Pethiyagoda, R. & Gunatilleke, S. (2008). Biodiversity of Sri Lanka, *J. Natn. Sci. Foundation SriLanka*, 36, Edição Especial 25 - 62.

Haagan-Smith, A.J. (1948). The Chemistry, origin and function of essential oils in plant life. In: *The Eseential Oils* Vol. I (Ed. E. Guenther) p. 17 van Nostrand Co. Nova Iorque.

Hainrihar, G. (1991). Oleorresinas de especiarias. International Food Ingredients, (4) 52-57.

Hay, R.K.M. & P.G. Waterman (eds). (1993). *Volatile OH Crops: Their Biology, Biochemistry and Production.* London: Longman.

Hcini, K., Sotomayor, J.A., Jordan, M.J. & Bouzid, S. (2013). Composição Química do Óleo Essencial de Alecrim (Rosmarinus officinalis L.) de Origem Tunisina. *Jornal Asiático de Química* Vol. 25,No. 5.

Huaping, L., Fengyin, L., Yonggang, W., Wei, Peng, Cuipins, Y. & Ning, W. (2011). Determinação Simultânea de Thujopsene e Cedrol em Óleos de Cedro de Thuja sutchuenensis e Platycladus orientalis por GC-MS. *Journal of Essential oil Bearing Plants*, 14, 48-56.

Indiamart (2016). Diagrama esquemático do aparelho de clevenger óleo leve e óleo pesado, <https //www.Indiamart.com>

Relatório de capacidade industrial: Setor das especiarias e produtos afins. (2019). Conselho de

Desenvolvimento das Exportações (EDB), Sri Lanka.
Jansz, E.R., Balachandran, S., Sarath Kumara & S.J., Rajapakse, M. (1983). *Pepper, Series on Sri Lankan Spices;* Monograph, No. 2; CISIR, Colombo, Sri Lanka.
Jansz, E.R., Jayawardene, A.L., Geevaratne, D.V.M & Pathirana, Ratnayake, K.D. (1981). *Sri Lankan Aromatic Plants of Economic Value*, Booklet No. 5. Processamento de especiarias. Instituto de Investigação Científica e Industrial do Ceilão. Sri Lanka.
Jansz, E.R., Ratnayake, D. & Geevaratne, D.V.M, (1980). *Sri Lankan Aromatic Plants of Economic Value, Booklet No. 1, Distillation of Leaf Essential Oils.* Instituto de Investigação Científica e Industrial do Ceilão. Sri Lanka.
Javzmaa, N., Altantsetseg, S., Shatar, S. & Amarjargal, A. (2017). Composição química de óleos essenciais de duas espécies de Artemisia usadas na medicina tradicional da Mongólia. *Mongolian Journal ofChemistry*, 18 (44): 48-51.
Jayasingha, P. (1999). *Erva-cidreira.* Instituto de Tecnologia Industrial, Série de Plantas Medicinais e Aromáticas, No. 9.
Jayasingham, T. & Wijesundara, D.S.A. (2007). Sustainable of Medicinal Plant Extraction and its Impact on Savannah Grassland Ecology in Nilgala, Department of Wild Life Conservation, Ministry ofEnvironment & Natural Resources, ISBN 978 - 955 - 1580 - 18 -6.
Jayasuriya, A.H.M. (1984). Flora da Reserva Natural de Ritigala: *The Sri Lanka Forester* (The Ceylon Forester), Vol. XVINos. 3&4 (Nova Série), 61 - 84.
Jayawardene, A. L. (1978). Estudos químicos sobre alguns óleos essenciais do Sri Lanka: Os estudos sobre o óleo de citronela e os óleos de canela. Tese de doutoramento, Universidade de Jayawardenepura, Sri Lanka.
Jiang, Z., Kempinskil, C. & Chappell, J. (2016). Extração e análise de terpenos / terpenóides, *CurrProtocPlantBiol.* 2016; 1: 345-358.
John, M.D., Paul, T.M. & Jaiswal, P.K. (1991). Deteção de adulteração de polietilenoglicóis em óleo de sândalo, *IndianPerfum.* 35; 186-187.
Jones, C.G., Moniodis, J., Zulak, K.G., Scaffidi, A., Plummer, J.A., Ghisalberti, E.I., et al. (2011). A biossíntese de fragrâncias de sândalo envolve sesquiterpeno sintases das subfamílias terpeno sintase (TPS)-a e TPS-b, incluindo santaleno sintases. *Journal of Biological Chemistry.* 286(20), 17445 - 17454.
Jumaat SR, Tajuddin SN, Sudamoon R, Chaneerach A, Abdullah U.H. & Mohamed R. (2017). Constituintes químicos e triagem de toxicidade de três espécies de plantas aromáticas da Malásia peninsular. Bioresources 12 (3): 5878-5895.
Kelkar, G.D. & Wijesekera, R.O.B. (1976). Relatório da missão consultiva da ESCAP sobre a indústria de óleos essenciais; Comissão Económica e Social para a Ásia e o Pacífico.
Kozykeyeva, R.A., Datkhayev, U.M., Srivedavyasasri, R., Ajayi, T.O., Patsayev, A.K., Kozykeyeva & R.A, Ross, S.A. (2020). Isolamento de compostos químicos e óleo essencial de Agrimonia asiatica Juz. e suas atividades antimicrobianas e antiplasmodiais. Hindawi, *A revista científica mundial.* Vol. 8.
Kumar, S., Kumar, A., Kumar, R. (2019). Madeira de cedro do Himalaia (região de Himachal) (*Cedrus deodara*: Pinaceae) óleo essencial, seu processamento, ingredientes e usos: Uma revisão, *Journal of PharmacognosyandPhytochemistry*■, 8(1): 2228 - 2238.
Laurentius, S.F., Devanthan, M.A.V., Wijesekera, R.O.B., Wijetunga, M.H.C., Jayawardene, A.L., Ratnasingham, K., et al. (1973). Pedido de Patente do Ceilão n.º 6924.
Lawrence, B.M. (1985). A review of the world production of essential oils. *Perfumer Flavorist,* 10(5): 1.
Loomis, W. D. (1967). Terpenoids in Plants. Academic Press, Londres e Nova Iorque.
Luan, F. & Wust, M. (2002). Incorporação diferencial de 1-deoxi-D-xilulose em (3 S)-linalool

e geraniol no exocarpo e mesocarpo de bagos de uva. *Phytochemistry.* 60, 451-459.
Mallavarapu, G.R., Syamasundar, K.V., Ramesh, S. & Rao, B.R.R. (2012). Constituintes dos óleos de vetiver do sul da Índia. *Comunicação de Produto Natural.* 7(2). 223- 225.
Marriott, P. J., Shellie, R. & Cornwell, C. (2001). Tecnologias de cromatografia gasosa para a análise de óleos essenciais. *Journal ofChromatographyA*, Vol. 936: 1(2), 1 -22.
Moyler, D.A., (1991). Oleorresinas, Tinturas e Extractos. In: Food Flavorings. Edit., P. Ashust, pp. 54-86, AVI Van Nostrand Reinhold.
Myers, N., Mittermeier, R.A., Mittermeier, C.G. & de Fonseca, G.A.B. (2000). Biodiversity hotspotforconservation priorities.*J.Nature*,403(6772): 853-8.
Natex Prozesstechnologie, 2020 <https://www.natex.at>
Nicholas, H.J. (1973). Terpenos; In: Phytochemistry II (Ed. L.P. Miller), pp 254-309. Van Nostrand, Nova Iorque.
Nilofer, Singh, K.V., Kumar, D., Singh, A.K., Khare, P., Chanotiya. C.S., et al. (2020). Avaliação da qualidade do óleo essencial rico em mentofurano de Mentha piperita (CIMAP-PATRA) armazenado em diferentes temperaturas e recipientes. *Journal of Pharmacognosy and Phytochemistry* ■, 9(5): 1603-1610.
Oztekin S & Soysal Y (1998). Métodos de extração de plantas medicinais e aromáticas. Tarimsal Mekanizasyon 18. Ulusal Kongresi, Tekirdag.
Panda, H. (2003). O livro completo de tecnologia sobre perfumes e cosméticos à base de plantas. Instituto Nacional de Investigação Industrial, Índia, Ajay Kr. Gupta.
Panda, H. (2005). Matéria-prima: The Complete Technology Book on Herbal Perfumes and Cosmetics, Instituto Nacional de Investigação Industrial, Índia.
Pathirana, I.C., Pieris, N., Jansz, E.R. & Selvarajah, K. (1981). Alguns estudos preliminares sobre os princípios pungentes do gengibre (*Zingiber officinale*) cultivado no Sri Lanka. 37ª Sessão Anual da Associação do Sri Lanka para o Avanço da Ciência.
Pharmacygyan (2020). Destilação a vapor - Princípio, <https://www.pharmacygyan.com>
Phillips, L. R., Malspeis, L. & Supko, J. G. (1995). Farmacocinética dos metabolitos activos do medicamento após administração oral de álcool perílico, um agente antineoplásico experimental, ao cão. Drug Metab. Dispos., 23: 676 - 680.
Pichersky, E., Noel, J.P & Dudareva, N. (2006). Biossíntese de voláteis de plantas: a diversidade e o engenho da natureza. *Science.* 311: 808-811.
Pieris, N. (1982). Sri Lankan aromatic plants of economic value: Brochura n.º 7 - Gengibre. Instituto de Investigação Científica e Industrial do Ceilão (CISIR). Sri Lanka.
Poole, C.F. (2003). The Essence of Chromatography, 1.ª ed. Amsterdam: Elsevier.
Pornpunyapat, J., Chetpattananondh, P. & Tongurai, C. (2011). Modelagem matemática para extração de óleo essencial de *Aquilaria crassna* por hidrodestilação e qualidade do óleo de agarwood, *BangladeshJPharmacol*, 2011; 6: 18-24.
Poulose A.J & Croteau R. (1978). Biosíntese de monoterpenos aromáticos: conversão de gammaterpineno em p-cimeno e timol em Thymus vulgaris L., *Arch Biochem Biophys*,;187(2):307- 314.
Poulose, A.J. & Croteau, R. (1978). y-Terpinene synthetase: uma enzima chave na biossíntese de monoterpenos aromáticos. *Arch Biochem Biophys*,;191(l):400-411.
Ratnasingham, K. & Wijesekera, R.O.B. (1973).*IPOMEC Monographic.* 1, C.I.S.I.R. Colombo. Sri Lanka.
Ratnasingham, K. & Wijesekera, R.O.B. (1973). Ipomec Monography No. 2, The Cisiril Manakoka, C.I.S.I.R., Colombo, Sri Lanka.
Repcak, M., Halasova, J., Honcariv, R. & Podhradsky, D. (1980). O conteúdo e a composição do óleo essencial no curso do desenvolvimento de Anthodium em camomila selvagem

(*Matricaria chamomillaEl*). *BiologiaPlantarum*, 7.
Reynolds, W.F. & Enriquez, R. G. (2002). Escolha das melhores sequências de impulsos, parâmetros de aquisição, estratégias de processamento pós-aquisição e sondas para a elucidação da estrutura de produtos naturais por espetroscopia NMR, *J.Nat. Prod.* 65. 221-244.
Saharkhiz, M.J. & Tarakeme, A. (2011). Conteúdo e composição do óleo essencial de frutos de funcho (Foeniculum vulgare L.) em diferentes estágios de desenvolvimento. *Journal of essential oil- bearingplantsJEOP,* 14 (5): 605 - 609.
Senanayake, U.M. (1977). Descrição da natureza e biossíntese de voláteis de Cinnamomum, spp. Tese de doutoramento, Universidade de Nova Gales do Sul, Kensington, Austrália.
Senanayake, U.M., Edwards, R.A. & Lee, T.H. (1976). Canela, *Tecnologia de Alimentos na Austrália,* Vol. 28, No., 9, 333 -338.
Senanayake, U.M. & Wijesekera, R.O.B. (1989). Os Voláteis das Espécies de Cinnamomum. Proc. 11° Congresso Internacional de Óleos Essenciais, Fragrâncias e Sabores, Nova Deli, Índia.103 - 120.
Shiferaw, Y., Kassahun, A., Tedla, A., Feleke, G. & Abebe, A.A. (2019). Investigação da variação da composição do óleo essencial com a idade do Eucalyptus globulus que cresce na Etiópia. 2019. Nat Prod Chem Res, Vol.7 Iss.2 No:360.
Sidana, J. & Joshi, L.K. (2013). Reciclar HPLC: Uma ferramenta poderosa para a purificação de produtos naturais. Hindawi Publishing Corporation Chromatography Research International, Vol 2013, 7.
Silverstein, R.M., Webster, F.X. & Kiemle, D.J. (2005). Spectrometric Identification of Organic Compounds, State University of New York, College of Environmental Science & Forestry, Seventh edition, John Wiley& Sons.Inc.
Sprinson, D. B. (I960). A biossíntese de compostos aromáticos a partir de D-glucose. *Adv. in Carbohydrate Chem.* 15:235 - 70.
Sritharan, R. (1984). O estudo do Género Canela. Dissertação de Mestrado, Instituto de Pós-Graduação em Agricultura, Universidade de Peradeniya, Sri Lanka.
Subasinghe, U., Gamage, M. & Hettiarachchi, D.S. (2013). Conteúdo e composição do óleo essencial de sândalo indiano (Santalum album) no Sri Lanka. *Journal of Forestry Research* (2013) 24(1): 127-130.
Svendsen, A.B. & Scheffer, J. J. C. (1984). Essential Oils and Aromatic Plants (Óleos Essenciais e Plantas Aromáticas). Division of Pharmacognosy, Center for Bio-Pharmaceutical Sciences Leiden State University, The Netherlands, Springer, Dordrecht.
Tunalier, Z., Kirimer, N. & Baser, K.H.C. (2002). A Composição de Óleos Essenciais de Várias Partes de Juniperus foetidissima. *ChemistryofNatural Compounds.* 38, 43- 47.
Vankar, P.S. (2004). Óleos Essenciais e Fragrâncias de Fontes Naturais. *Resonance*, 30-41.
Wallach, O. (1887). Analen 239, 1. Em Chemistry of Terpenes and Terpeniods. Newman (Ed.), A. A. Academic Press, Nova Iorque e Londres.
Wang, L. & Well, C.L. (2006). Avanços recentes na extração de nutracêuticos de plantas. *Tendências em tecnologia de alimentos e ciências* ■, 17: 300-312.
Wagner, H., S. Bladt, & Rickl, V. (2003). Plant Drug Analysis: A Thin Layer Chromatography Atlas, 2ª ed., p. 1. Heidelberg: Springer.
Wijesekera, R.O.B. (1973). The chemical composition and analysis of citronella oil, Journal of the National Science Council of Sri Lanka, 1,67 - 81.
Wijesekera, R.O.B., Jayewardene, A.L. & Lakshmi, S., R. (1974). Volatile Constituents of leaf, stem and root oils of cinnamon (*Cinnamomum zeylanicum*). *J.Sci. Fd. Agric.* 25, 1211 - 1220.

Wijesekera, R.O.B.& Jayewardene, A.L. (1974). Óleos essenciais, III. Chemical Constituents of the Volatile Oil from the Bark of a Rare Variety of Cinnamon (Constituintes químicos do óleo volátil da casca de uma variedade rara de canela). *J. Natn. Sci. Coun.* Sri Lanka 2(2): 141 - 146.

Wijesekera, R.O.B. & Ratnasingham, K. (1975). Tecnologia melhorada na destilação de campo de óleo de folha de canela, óleos essenciais V, *J.Natn. Sci. Coun.* Sri Lanka, 3(2): 109 - 115.

Wijesekera, R. O. B., Ratnatunga, C. M. & Kurbeck, K. (1993). A Destilação de Óleos Essenciais; Manual de Fabricação e Construção de Plantas. Protrade: Dept.Foodstuff & Agriculture Products, Eschborn, Alemanha.

Wijesekera, R. O. B., Ratnatunga, C. M. & Kurbeck, K. (1997). A Destilação de Óleos Essenciais: Manual de fabrico e construção de instalações. Protrade, Deutsche Gesellschaft fur Technische Zusammenarbeit (GTZ).

Witkowski, A., Majkut, M., Rulik, S. (2014). Análise de sistemas de transporte de dutos para sequestro de dióxido de carbono, *Archives ofThermodynamics* 35 (l): s. 117 - 140.

Yousefi, M., Rahimi-Nasrabadi, M., Pourmortazavi, S.M., Wysokowski, M., Jesionowski, T., Ehrlich, H. & Mirsadeghi, S. (2019). Extração de fluido supercrítico de óleos essenciais. *Tendências em Química Analítica*, 118; 182 - 193.

Zavarin, E., Mirov, N.T., Cooling, E.N., Snajberk, K. & Costello, K. (1968). Composição química da terebintina de Pinus khasya. *ForestScience.* 14: 1, 55-61.

Zviely, M. & Ming, L. (2013). Sesquiterpenoides - Os ingredientes sagrados da fragrância - Parte 1, *Perfumista e Aromatizador.* 38(6), 52.

CAPÍTULO 2

Procedimentos experimentais utilizados para explorar espécies selvagens de canela, extração de óleos essenciais e análise dos perfis dos óleos

2.1 Levantamento, recolha e autenticação de amostras

2.1.1 Procedimento de inquérito

Foi efectuado um estudo transversal nas florestas de Sinharaja, Kanneliya, Ritigala e Nilgala para identificar potenciais plantas produtoras de óleo essencial. As plantas com potencial para a produção de óleos essenciais perfumados foram selecionadas por escolha e teste organolético no local pela equipa de estudo. As áreas de amostragem foram selecionadas em cada floresta de acordo com a disponibilidade, a diversidade e a densidade de plantas portadoras de óleos essenciais para perfumaria. As espécies de plantas foram selecionadas de cada floresta para a extração de óleo essencial de acordo com as caraterísticas organolépticas das partes das plantas (ver Quadros 3.1, 3.2, 3.3 e 3.4 no Capítulo 3).

2.1.2 Processo de recolha

Os materiais vegetais selecionados, incluindo caules, raízes, rizomas, cascas, folhas, flores, sementes e madeira de cada planta, foram embalados num saco de polietileno selado (aproximadamente 2 kg em base húmida) e foi-lhes atribuído um número de identificação. Posteriormente, os espécimes de cada espécie de planta foram recolhidos e preservados com álcool metilado. Em seguida, os materiais vegetais e os espécimes foram transportados para o laboratório para a sua identificação e extração de óleo.

2.1.3 Autenticação de plantas

A identificação das plantas selvagens foi efectuada com base na morfologia da planta, informação organoléptica, caraterísticas quimiotaxonómicas, dados microscópicos, etc. Os espécimes de plantas preservados com álcool metilado foram prensados e secos durante algumas semanas para preparar as amostras de herbário. As espécies de plantas recolhidas foram encaminhadas para o Jardim Botânico Nacional para efeitos de registo e identificação. A identificação foi confirmada por comparação positiva das caraterísticas morfológicas com o herbário de plantas autenticado disponível no Jardim Botânico Nacional.

2.2 Preparação da amostra

Os materiais vegetais recolhidos (caules, raízes, rizomas, casca, folhas, flores, sementes, resinas e madeira separadamente) foram secos ao ar durante 2-3 dias para reduzir o teor de água. Em seguida, as folhas, a casca, os rizomas e os caules foram cortados em pequenos pedaços e a madeira e as raízes foram pulverizadas ou lascadas antes da extração dos óleos essenciais. Além disso, as flores e as resinas foram extraídas diretamente para a obtenção de óleos essenciais sem qualquer procedimento de secagem. Além disso, as resinas são pulverizadas antes da destilação para a obtenção de óleos essenciais.

2.3 Análise da humidade da matéria-prima

2.3.1 Aparelho de Dean e Stark

O material vegetal seco ao ar (40 g) foi refluxado num aparelho Dean & Stark (Figura 2.1) com tolueno saturado de água durante 4 horas até que toda a água fosse recuperada para o braço de destilação. No final da destilação, mediu-se a água acumulada no braço de Dean & Stark. O teor de humidade de cada material vegetal foi calculado de acordo com a equação seguinte;

$$\text{Moisture content}(\%, V/W) = \frac{\text{Collected water volume (ml)}}{\text{sample weight in wet basis (g)}} \times 100\%$$

Teor de humidade (%, V/W)

Volume de água recolhida (ml)
peso da amostra em base húmida (g)

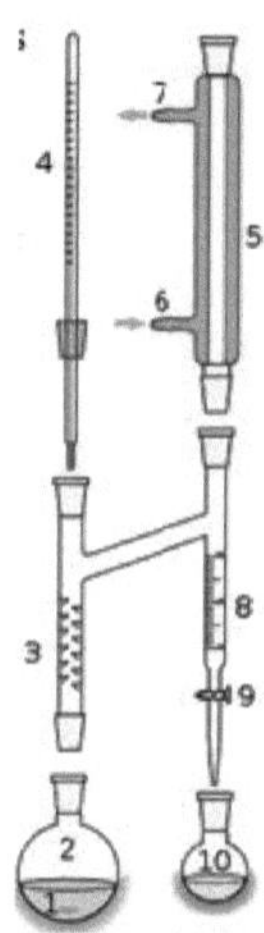

1. Barra agitadora/grânulos anti-bumping 6. Entrada de água de arrefecimento 2. Saída de água de arrefecimento 3. Coluna de fracionamento 8. Bureta 4. Termómetro/temperatura do ponto de ebulição 9. Torneira 5. Condensador 10. Recipiente de recolha

Figura 2.1 Aparelho de Dean & Stark

2.4 Extração e isolamento de óleos essenciais

2.4.1 Método do aparelho de Clevenger para extração de óleo e determinação do teor de óleo - ISO 6571

O material vegetal seco ao ar (100 g) foi submetido a hidrodestilação num aparelho do tipo Clevenger (figura 1.17) durante 5 a 8 horas até se recuperar o máximo de óleo do material utilizado. O óleo leve e o óleo pesado foram recolhidos separadamente no final da extração. O óleo essencial extraído foi seco sobre sulfato de sódio anidro, armazenado em frascos selados a 15^0 C até ser testado e analisado. Os rendimentos percentuais de Eos foram calculados utilizando a seguinte fórmula.

$$\text{Yield of Eos}(\%\,V/W) = \frac{\text{Eos volume (ml)}}{\text{Sample weight in dry basis(g)}} \times 100\%$$

Rendimento deEos(%V/W)
Volume de Eos (ml)
Peso da amostra em base seca (g)

2.4.2 Destilação de resinas à escala-piloto

A destilação à escala piloto das resinas foi efectuada utilizando uma unidade de destilação de aço inoxidável de 25 kg importada da Best Engineers, Hyderabad, Índia. A unidade de destilação era constituída por uma caldeira a gás LP, um alambique de destilação com capacidade de 25 kg, um condensador em espiral imerso num banho de água de aço inoxidável e dois separadores de óleo do tipo Florentine. A unidade de destilação é capaz de efetuar tanto a destilação de água como a de vapor. Por conseguinte, quando se efectua a destilação de água, o condensador é deslocado para o nível superior e foi utilizado um funil de separação de vidro para separar o óleo extraído em vez de separadores de óleo Florentine.

2.4.3 Isolamento e purificação da selina-11-en-4a-ol

As folhas secas à sombra (100 g) de Sewel kurundu (*Cinnamomum dubium*) foram colocadas num balão de fundo redondo de 2 litros e adicionaram-se aproximadamente 200 mL de água ao balão. Foi hidrodestilado durante 6 horas num aparelho do tipo Clevenger até extrair o rendimento máximo de óleo essencial. O óleo essencial extraído foi seco sobre sulfato de sódio anidro (Na_2SO_4). O óleo foi seco no vácuo numa estufa de vácuo a 60° C durante duas horas para remover os terpenos do óleo. O sólido cristalino branco remanescente foi utilizado para reciclar o HPLC para posterior purificação.

2.4.4.1 Isolamento por HPLC de reciclagem preparativa

2.4.4.1.1 Preparação da amostra

0,025 g de sólido cristalino branco extraído em 2.4.4 foi dissolvido em 2,5 mL de solução de Hexano: acetato de etilo: 8: 2. A amostra foi filtrada através de um filtro de seringa de nylon de 0,45 pm (Supelco Inc., EUA).

2.4.4.1.2 Reciclar as condições de HPLC

A técnica de HPLC de fase normal foi efectuada nas seguintes condições.

- Sistema de HPLC: Reciclar o sistema HPLC

Modelo - LC - 908

Marca - JAI (Japan Analytical Industry Co. Ltd.

Detectores: UV e IR

- Coluna de fase normal: Material da coluna - Sílica, 4 pm Tamanho da coluna - 250 x 20 mm
- Fase móvel: Hexano: acetato de etilo/ 9: 1
- Volume injetado da amostra: 3 mL
- Caudal: 4 mL/ min
- Deteção: UV - Sensibilidade: 0,05, comprimento de onda: 254 nm

RI - Sensibilidade: 50

800 mL de hexano e 200 mL de acetato de etilo foram misturados e filtrados através de um filtro de 0,45 pm e desgaseificados sob ultra-sons durante 15 minutos. A amostra (25 mg/ 2,5 mL) foi injectada na máquina de HPLC recíclica. Dezoito fracções foram recolhidas separadamente, como indicado na Tabela 2.1. A análise TLC foi realizada para todas as fracções e a fração n.° 12 foi selecionada e seca ao ar. 5 mg de amostra purificada foram submetidos a análise por RMN.

Tabela 2.1: Fracções e respectivos volumes (HPLC de reciclagem)

Sistema de solventes	Fracção n.°	Fracção	Resultados de TLC
80% hexano: 20% etilo	1	2	Sem manchas
80% hexano: 20% etilo	2	2	Sem manchas
80% hexano: 20% etilo	3	2	Sem manchas
80% hexano: 20% etilo	4	3	Dois pontos
80% hexano: 20% etilo	5	2	Dois pontos
80% hexano: 20% etilo	6	5	Dois pontos
80% hexano: 20% etilo	7	4	Três pontos
80% hexano: 20% etilo	8	3	Três pontos
80% hexano: 20% etilo	9	3	Três pontos
80% hexano: 20% etilo	10	3	Dois pontos
80% hexano: 20% etilo	11	3	Dois pontos
80% hexano: 20% etil	12	3	Ponto único
80% hexano: 20% etilo	13	4	Três pontos
80% hexano: 20% etilo	14	3	Três pontos
80% hexano: 20% etilo	15	3	Dois pontos

80% hexano: 20% etilo	16	2	Três pontos
80% hexano: 20% etilo	17	2	Três pontos
80% hexano: 20% etilo	18	2	Três pontos

2.5 Análise dos óleos essenciais

Os óleos essenciais foram analisados por métodos químicos e métodos físicos. A análise química foi efectuada através de métodos qualitativos e quantitativos. O método qualitativo, como a TLC, foi realizado em cromatografia de coluna gravitacional para selecionar fracções semelhantes no processo de isolamento. Além disso, cada um dos óleos essenciais foi analisado qualitativamente por GC-MS seguido de uma análise quantitativa pelo método GC-FID. Os compostos voláteis isolados foram confirmados por análise NMR. Além disso, os parâmetros físicos, incluindo o índice de refração, a rotação ótica e a gravidade específica, foram realizados por refratómetro, polarímetro e picnómetro, respetivamente. Além disso, a solubilidade foi efectuada utilizando álcool etílico a 70% em diferentes proporções.

2.5.1 Produtos químicos e normas

O padrão de alcanos saturados C7-C30 (1000 p,g/mL em hexano, número de identificação 49451-U) necessário para os cálculos do índice de retenção foi adquirido à Supelco, 595 North Harrison Road,

Bellefonte, PA 16823-0048, EUA. a-pineno (1 ml - 8060), acetato de cinamilo (1 ml - 42759), B- pineno (1 ml - 80607), metil eugenol (50 mg - 046070), B-cariofeleno, acetato de bornilo (1 ml - 45855), eucalipto (1 ml - 29210) Os padrões analíticos foram adquiridos à Sigma Aldrich, EUA. Os materiais de referência certificados linalol (50 mg - 61706), benzoato de benzilo (1 g - 55177), eugenol e cinamaldeído foram adquiridos à Sigma Aldrich, EUA.

2.5.2 Preparação das amostras

Os óleos essenciais extraídos pelo aparelho de Clevenger foram secos sobre sulfato de sódio anidro (Na_2SO_4) e depois transferidos para frascos de cor âmbar e armazenados a uma temperatura inferior a 2^0 C num frigorífico até serem analisados por GC.

2.5.2.1 Preparação da amostra para análise GC-MS

O óleo essencial original (10 p,L) foi diluído com 1 mL de hexano e vortex durante 30 segundos para preparar a amostra homogeneizada para a análise GC-MS. Se a amostra não se dissolver em hexano, foi utilizado álcool etílico como solvente para dissolver a amostra. Cada amostra foi filtrada através de um filtro de seringa de nylon de 0,45 pm (Supelco Inc., EUA) para evitar quaisquer substâncias sólidas.

2.5.2.2 Preparação da amostra para análise GC-FID

O óleo essencial original foi utilizado diretamente para a análise GC-FID e, se a amostra contivesse alguma humidade, foi filtrada através de sulfato de sódio anidro (Na_2SO_4) antes da análise. Os óleos essenciais viscosos, como o óleo de *Gyrinops walla* (Sin. walla patta), foram diluídos duas vezes com álcool etílico para facilitar a aquisição no processo de injeção.

2.5.3 Análise cromatográfica em fase gasosa

2.5.3.1 Análise cromatográfica em fase gasosa por GC-MS

O óleo volátil foi analisado qualitativamente utilizando um GC (modelo Thermo scientific Trace 1300) acoplado a um MS (ISQ-QD, Single Quadrupole) equipado com um auto-injetor de líquido TRI PLUS RSH head space (HP) (Thermo scientific) e uma coluna capilar de sílica fundida (DB-wax) de 30 m x 0,25 mm i.d., filme de 0,25 pm, utilizando gás hélio como gás de arrastamento com um fluxo de 1,0 mL min $.^{-1}$

A temperatura foi programada para começar a 60^0 C, seguida de um aumento a uma taxa de 5° $C_{min\text{-}1}$ até se atingir 220 °C, mantendo-se depois esta temperatura durante 10 min. O injetor split/

spiltless foi utilizado com a temperatura de 250° C. Foi injetado um volume de 0,2 pL de amostra diluída com hexano, tal como descrito em 2.5.2.1, a uma taxa de partição do volume injetado de 1:50 e uma pressão de coluna de 64,20 kPa.

A MS foi realizada com um modo de impacto eletrónico com uma energia de impacto de 70 eV, um intervalo de varrimento de 0,50 fragmentos e fragmentos detectados na gama de 50 - 450 Da. As temperaturas da fonte de iões e da linha de transferência foram mantidas a 250^0 C.

Os componentes do óleo essencial foram identificados através da comparação do espetro de massa com os espectros da base de dados do equipamento (NIST11) e da biblioteca de espectros de massa de aromas e fragrâncias de compostos naturais e sintéticos (FFNSC 3) (WILEY Registry of Mass Spectral Data, 10th Edition, 2015). Além disso, padrões analíticos selecionados (os padrões analíticos disponíveis para compra) foram injectados no GC-MS e confirmaram os resultados do GC-MS. Além disso, o índice de retenção foi calculado para cada composto no relatório GC-MS e os compostos foram comparados com os da literatura.

2.5.3.2 Análise cromatográfica em fase gasosa por GC-FID

O óleo volátil foi analisado quantitativamente utilizando um GC (Thermo scientific Trace 1300 model) acoplado a um FID (Flame Ionization Detetor) equipado com um auto-injetor de líquido TRI PLUS RSH head space (HP) (Thermo scientific) e uma coluna capilar de sílica fundida (DB-wax) de 30 m x 0,25 mm i.d., 0,25 pm film, utilizando gás hélio como gás de arrastamento com um fluxo de 1,0 mL min $.^{-1}$

A temperatura foi programada para começar a 60^0 C, seguida de um aumento a uma taxa de 5OC min^{-1} até se atingir 230 ◦C, mantendo-se depois esta temperatura durante 10 min. O injetor PTV (Programmable Temperature Vaporization) foi utilizado à temperatura de 250° C. Além disso, a temperatura do FID foi mantida a 230° C. Um volume de 0,2 pL de amostra foi injetado diretamente na entrada, tal como descrito em 2.5.2.2, a uma taxa de partição do volume injetado de 1:150 e a uma pressão de coluna de 64,20 kPa.

A quantificação de cada constituinte foi estimada pelo método de normalização interna, de acordo com a norma ISO 7609-1085 (E). As concentrações relativas dos componentes foram obtidas por normalização da área dos picos e o valor das áreas totais dos picos foi considerado como 100%. A percentagem de cada componente foi calculada utilizando a área de cada pico.

2.5.3.3 Análise cromatográfica em fase gasosa para calcular o índice de retenção

A identificação dos compostos baseou-se na comparação dos índices de retenção (RI) e dos espectros de massa da maioria dos compostos com dados gerados em condições experimentais idênticas. O RI foi em relação a uma série homóloga de n-alcanos (C7-C30) na coluna capilar de sílica fundida (DB-wax) sob as mesmas condições cromatográficas em que as amostras estavam a ser analisadas. Por conseguinte, a série de n-alcanos foi injectada no GC-MS nas condições especificadas no ponto 2.5.3.1. As amostras foram analisadas nas mesmas condições cromatográficas e o IR foi calculado para cada um dos compostos de acordo com a fórmula (fórmula do índice de retenção de Kovats) apresentada a seguir.

$$RI_i = 100n + (m-n)\frac{tri-trn}{trm-trn}$$

RIi - Índice de retenção do constituinte "i"

i - Constituinte do óleo essencial que está a ser analisado n - Número de carbonos do alcano que elui antes de "i" m - Número de carbonos do alcano que elui depois de "i" tri -Tempo de retenção de "i" trn- Tempo de retenção do alcano que elui antes de "i" trm- Tempo de retenção do alcano que elui depois de "i"

Cada componente da equação, incluindo n, m, trn e trm, foi obtido a partir do cromatograma GC-MS (Figura 2.2) da série de n-alcanos (C7 - C30) e os tempos de retenção resumidos dos alcanos são apresentados na Tabela 2.2. Além disso, o tri de um determinado constituinte químico foi obtido a partir do cromatograma GC-MS da amostra.

Tabela 2.2: Tempos de retenção e número de carbonos das séries de alcanos

Número de pico	Componente químico	Tempo de retenção/ Min.	N.º de carbonos
1	n-Decano	2.87	10
2	n-Undecano	3.88	11
3	n-Dodecano	5.36	12
4	n-Tridecano	7.28	13
5	n-Tetradecano	9.47	14
6	n-Pentadecano	11.77	15
7	n-Hexadecano	14.08	16
8	n-Heptadecano	16.34	17
9	n-Octadecano	18.53	18
10	n-Nonadecano	20.63	19
11	n-Eicosano	22.64	20
12	n-Heneicosano	24.57	21
13	n-Docosano	26.43	22
14	n-Tricosano	28.21	23
15	n-Tetracosano	29.92	24
16	n-Pentacosano	31.57	25
17	n-Hexacosano	33.24	26
18	n-Heptacosano	35.22	27
19	n-Octacosano	37.70	29
20	Nonacosano	40.84	30

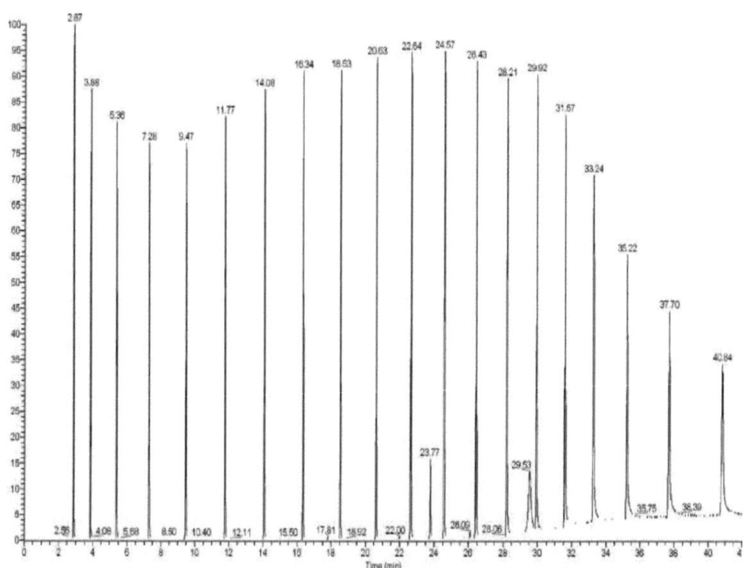

Figura 2.2: Cromatograma GC-MS da série de alcanos na coluna DB-Wax

2.5.4 Análise cromatográfica em camada fina (TLC)

Foi efectuada uma análise cromatográfica em camada fina para os compostos isolados dos óleos essenciais, antes de cada análise preparativa por HPLC (Recycle HPLC). Além disso, a pureza de cada fração recolhida da cromatografia em coluna de gravidade foi analisada por TLC. Além disso, de acordo com os resultados da TLC, as fracções quimicamente semelhantes recolhidas da coluna de gravidade foram combinadas. Além disso, as fracções puras isoladas foram confirmadas por TLC, antes da análise por RMN para a elucidação da estrutura.

2.5.5 Análise por RMN

A análise por RMN de protões foi realizada para cada fração isolada por HPLC de reciclagem e pré-TLC. Com base na RMN de protões, procedeu-se à análise de compostos altamente puros por RMN C-13 e 2-D. A RMN C-13 foi efectuada no departamento 135 e também no departamento 90. A análise bidimensional por RMN foi efectuada como análise HH-COSY, análise NOESY, análise DEPT-HSQC e análise HMBC. A amostra purificada de 10 mg foi transferida para um tubo NMR de 5 mm e dissolvida com 700 Lil. de CDCl3. Os espectros de RMN de 1H-' foram adquiridos num espetrómetro Avance AV-500 (Bruker, GMBH, Karsruhe, Alemanha) a 500,13 MHz, equipado com uma criossonda de deteção inversa de 5 mm de 1H-13C-15N-31P ligada a uma forma de crioplaca e um trocador de amostras de jato arrefecido, utilizando o software TopSpin 3.2 (Bruker, GMBH, Karsruhe, Alemanha). A largura do espetro foi fixada em 20 ppm para cada espetro e foram recolhidas 128 varreduras. Também foram efectuadas análises C-13 e 2-D NMR num espetrómetro Avance Cryo-Probe (lC) (Bruker, GMBH, Karsruhe, Alemanha) a 600,03 MHz.

2.5.6 Determinação dos parâmetros físico-químicos do óleo essencial

2.5.6.1 Índice de refração

O índice de refração foi determinado por refratómetro, tal como prescrito na norma ISO 280: 1998 (ISO
280:1998(en)).

2.5.6.2 Rotação ótica

A rotação ótica foi determinada por um polarímetro, como prescrito na norma ISO 592: 1998. (ISO 592:1998(en))

2.5.6.3 Densidade relativa

A densidade relativa foi determinada de acordo com a norma ISO 279: 1998. (ISO 279:1998(en))

2.5.6.4 Solubilidade em etanol a 70% (v/v)

A solubilidade em etanol a 70% (v/v) foi determinada de acordo com a norma ISO 875: 1999. (ISO 875:1999(en)).

Referência:

Organização Internacional de Normalização. (1998). *Óleos essenciais - Determinação do índice de refração* (ISO 280:1998).

Organização Internacional de Normalização. (1998). *Óleos essenciais - Determinação da* rotação ótica (ISO 592:1998).

Organização Internacional de Normalização. (1998). *Óleos essenciais - Determinação da* densidade relativa a 20 °C (ISO 279:1998).

Organização Internacional de Normalização. (1999). *Óleos essenciais - Avaliação da miscibilidade em etanol* (ISO 875:1999).

Estudo sobre plantas aromáticas das reservas florestais de Sinharaja, Nilgala, Kanneliya e Ritigala no Sri Lanka

3.1 Inquérito na Reserva Florestal de Sinharaja

3.1.1 Plantas aromáticas recolhidas na Reserva Florestal de Sinharaja para estudos de óleos essenciais

Tabela 3.1: Lista de plantas aromáticas utilizadas para estudos de óleos essenciais da Reserva Florestal de Sinharaja

Nome científico	Família	Nome comum	Folhas	intity co Bark	nWedn Madeira de coração	kgB Outros
Acronychia pedunculata	Rutáceas	Ankendha	4	3	3	-
Ipomoea triloba	Convolvuláceas	Wahathella	4	-	-	-
Hedyotisfruticosa L	Rubiáceas	Veraniya	4	-	-	-
Syzygium makul. Gaertner	Myrtaceae	Alubo	4	-	-	-
Bridelia retusa	Filantáceas	Keta kela	4	3	-	-
Axinadra zeylanica	Melastomaceae	Kekiri Wara	4	-	-	-
Centranthera indica	Orobanchaceae	Dutu sathuta	4	-	-	-
Symplocos loha Buch.-Ham.	Symplocaceae	Wal-Bombu	4	-	-	-
Neoclitsea cassia	Lauraceae	Dawulkurundu	4	-	-	-
Flacourtia inermis	Salicáceas	Pinibaru	4	-	-	-
Syzygium gardneri Thw.	Myrtaceae	Batadomba	4			-
Pogonatherum paniceum	Poaceae	Kollan	4	-	-	-
Pagiantha-dichotoma	Apocináceas	Divikaduru	4	-	-	-
Artabotrys zeylanicus	Anonáceas	Kalubambara	4	-	-	-
Piper argytophyllum	Piperaceae	Thapasa bulath	4	-	-	-
Mikania cordata	Asteraceae	Loka Palu Wel	4	-	-	-
Mallotus rhamnifolius	Euphorbiaceae	Keppetiya	4	-	-	-
Aristolochia bracteolata	Aristolochiaceae	Sathsanda wel	4	-	-	-
Gyrinops walla	Thymelaeaceae	Wallapatta	4	3	3RN*	-
Clerodendrum infortunatum	Lamiaceae	Pinna	4	-	-	-
Emilia exserta	Asteraceae	Kadupahara	4	-	-	-
Cinnamomum capparu-coronde	Lauraceae	Kapuru Kurundu	4	3	-	3 (RB)
Derris canarensis	Fabáceas	Rathkala	4	-	-	-
Doona oblonga	Dipterocarpaceae	Pana Mora Dun	-	-	-	3(RN)
Donna ovalifolia	Dipterocarpaceae	Thiniya Dun	-	-	-	3(RN)
Dipterocarpus zeylanicus	Dipterocarpaceae	Buu Hora	-	-	-	3(RN)

RB-Casca do tronco;_RN-Somente resina;_RN*- Cerne com resina

3.2 Inquérito na Reserva Florestal de Kanneliya

3.2.1 Plantas aromáticas recolhidas para estudos de óleos essenciais na Reserva Florestal de Kanneliya

Quadro 3.2: Lista de plantas aromáticas utilizadas para estudos de óleos essenciais da Reserva Florestal de Kanneliya

Canário-da-índia	Família	Nome comum		antiguidade	recolhidos	ESH

	■Bussceа^^^M	EKekun^^H	Folhas 4	c Casca	Madeira	Outros 3(RN)
Piper argyrophyllum	Piperaceae	Thapasa Bulath	4	-	-	-
Campnosperma zeylanicum	Anacardiaceae	Ariddha	-	-	-	3(RN)
Mangifera zeylanica	Anacardiaceae	Etamba	4	3	-	-
Syzygium makul	Myrtaceae	Alubo	4	3	-	-
Cynometra zeylanica	Fabáceas	Mandora (Gal mandora)	-	-	-	3 (RN)
Doona trapezifolia	Dipterocarpaceae	Yakahaludun	-	-	-	3 (RN)
Shorea affinis	Dipterocarpaceae	Pathuru yakahalu dun	-	-	-	3 (RN)
Doona oblonga	Dipterocarpaceae	Pana Mora Dun	-	-	-	3 (RN)
Doona ovalifolia	Dipterocarpaceae	Thiniya Dun	-	-	-	3 (RN)
Dipterocarpus hispidus	Dipterocarpaceae	Bu-hora	-	-	-	3 (RN)
Xorajucunda	Dipterocarpaceae	Goda rathambala	-	-	3	-
Cinnamomum dubium	Lauraceae	Sewel Kurundu	4	3	-	3 (RB)
Pogonatherum paniceum	Poaceae	Kollan	4	-	-	-
Donna glandulosus	Dipterocarpaceae	Dorana	-	-	-	3 (RN)
Stemonoporus gardneri	Dipterocarpaceae	Hal	-	-	-	3 (RN)
Stemonoporus kanneliyensis	Dipterocarpaceae	Kanneliyensis	-	-	-	3 (RN)
Amomum nemorale	Zingiberaceae	Gengibre selvagem	4	-	-	3 (RZ) & 3 (ST)
Amomum acuminatum	Zingiberaceae	Gengibre selvagem	4	-	-	3 (RZ) & 3 (ST)
Amomum sp	Zingiberaceae	Gengibre selvagem	4	-	-	3 (RZ) & 3 (ST)

ST- Caule; RN- Apenas resina; RZ - Rizoma; RB - Casca da raiz

3.3 Inquérito na Reserva Florestal de Nilgala

3.3.1 Plantas aromáticas recolhidas para estudos de óleos essenciais na Reserva Florestal de Nilgala

Quadro 3.3: Lista de plantas aromáticas utilizadas para estudos de óleos essenciais da Reserva Florestal de Nilgala

Nome científico	Família	Nome comum	Quantidade recolhida /kg			
			Folhas	Casca	Madeira de coração	Outros
Acronychia pedunculata	Rutáceas	Ankendha	4	-	-	-

Aristolochia indica	Aristolochiaceae	Sapsanda	4	-	-	-
Atalantia ceylanica (Am.)	Rutáceas	Yaki naran	4	-	-	1 (FT)
Citrus sinensis	Rutáceas	Pangiri dodam	4	-	-	1 (FT)
Myristica ceylanica	Myristicaceae	Malaboda	4	-	-	1 (FT)
Micromelum ceylanicum	Rutáceas	Wal Karapincha	4	3	3	-
Neoclitsea cassia	Lauraceae	Dawulkurundu	4	-	-	-
Piper sylvestre	Piperaceae	Mala gammiris	4	-	-	1 (FT)
Jasminum angustifolium	Oleáceas	Wal Pichcha	-	-	-	2 (FB)

FT - Fruto; RB - Casca da raiz; RZ - Rizoma

3.4 Inquérito na Reserva Florestal de Ritigala

3.4.1 Plantas Aromáticas recolhidas para estudos de óleos essenciais na Reserva Florestal de Ritigala

Tabela 3.4: Lista de plantas aromáticas utilizadas para estudos de óleos essenciais da Reserva Florestal de Ritigala

Nome científico	Família nome	Comum	Quantidade recolhida /kg			
			Folhas	Casca	Madeira	Outros
Acronychia pedunculata	Rutáceas	Ankendha	4	-	-	-
Cinnamomum zeylanicum	Lauraceae	Kurundu	4	3	3	2 (RB)
Citrus aurantifolia	Rutáceas	Heen dehi	4	-	-	1 (FT)
Cymbopogen citratus	Gramíneas	Sera	4	-	-	-
Cymbopogen confestiflorus	Gramíneas	Maana	4	-	-	-
Micromelum ceylanicum	Rutáceas	Wal Karapincha	4	3	3	-
Zingiber zerumbet	Zingiberaceae	Wal Inguru	4	-	-	3 (RZ)

FB - Botão floral não aberto; R - Raiz; FT - Fruto

3.5 Espécies de canela selvagem incluídas na lista das reservas florestais

A lista das espécies de canela selvagem das reservas florestais é apresentada no quadro 3.5.

Quadro 3.5: Espécies de canela selvagem recolhidas nas reservas florestais e tipos de óleos essenciais estudados

Nome científico (Família Lauraceae)	Nome comum	Reserva florestal	Tipo de óleo/óleos
Cinnamomum capparu-coronde Blume	Kappuru kurundu	Sinharaja	Casca do caule, casca das folhas e das raízes
Cinnamomum dubium Nees	Sewel Kurundu	Kanneliya	Casca do caule, casca das folhas e das raízes
Cinnamomum sinharajense Kostermans	Sinharaja Kurundu	Sinharaja	Casca do caule, casca das folhas e das raízes
Cinnamomum sp. 1.	Canela selvagem não identificada	Kanneliya	Casca do caule, casca das folhas e das raízes
Cinnamomum sp. 2	Canela selvagem não identificada	Nilgala	Casca do caule, casca das folhas e das raízes

CAPÍTULO 4

Óleos essenciais de *Cinnamomum capparu-coronde* Blume (Sin: Kappuru Kurundu)

4.1 Introdução

O género *Cinnamomum*, constituído por árvores ou arbustos de folha perene, pertence à família Lauraceae, que se distribui principalmente no sudeste asiático, na Austrália e em algumas ilhas do Pacífico (Kostermans, 1995). De acordo com Kostermans (1957), tem 341 binómios reportados e também de acordo com Wills (1973) o género compreendia 250 espécies. Contudo, mais tarde Kostermans (1964) listou 452 binómios incluindo sinónimos no género *Cinnamomum*, dos quais 9 espécies ocorrem no Sri Lanka. Entre elas, 7 espécies são endémicas do Sri Lanka, como indicado no quadro 4.1.

Quadro 4.1: Espécies endémicas da canela

Nome científico	Nome Sinhala
Cinnamomum dubium Nees	Sewela kurundu ou wal kurundu
Cinnamomum ovalifolium Wight	Mal kurundu
Cinnamomum litseaefolium Thwaites	Kudu kurundu
Cinnamomum rivulorum Kostermans	-
Cinnamomum sinharajaense Kostermans	Sinharaja kurundu
Cinnamomum capparu-coronde Blume	Kappuru kurundu
Cinnamomum citriodorum	Pangiri kurundu

A Cinnamomum zeylanicum é considerada indígena do Sri Lanka e *a Cinnamomum camphora* é uma espécie introduzida no Sri Lanka. Espécies *de Cinnamomum* como *C. zeylanicum, C. dubium* (Syn; *Cinnamomum multiflorum*), *C.ovalifloium, C. litseaefolium* e *C. citriodorum* foram registadas no Sri Lanka (Trimen, 1893). Para além destas espécies, Kostermans (1981) localizou a presença de mais três espécies, nomeadamente *C. capparu-coronde* , *C. sinharajaense* e *C. ovalifloium* no Sri Lanka. A maioria das espécies pertencentes a este género produz óleos essenciais nas suas partes aéreas e na casca da raiz. Por conseguinte, o género desempenha um papel importante na procura de novas fontes de compostos aromáticos que possam ser utilizados na indústria da perfumaria e noutras aplicações industriais.

A árvore da canela é muito interessante devido às diferentes composições de óleos essenciais presentes na casca do caule, nas folhas e na casca da raiz. Além disso, entre as diferentes espécies de canela, as composições químicas da casca do caule, das folhas e da casca da raiz variam totalmente. A casca do caule, as folhas e a casca da raiz secas das espécies de canela contêm aproximadamente 2 - 4% de óleos voláteis que podem ser obtidos por destilação a vapor (Guenther, 1950, Brown, 1955, Lawrence, 1967, Rosenbrook et al., 1968, Salzer, 1975). Blanchet (1833) foi a primeira pessoa a efetuar uma análise do óleo da casca da canela. Mais tarde, Dumas e Peligot (1834 & 1835) analisaram o óleo da casca de canela do Ceilão e o óleo da casca de cássia da China e referiram que o cinamaldeído é o ingrediente principal em ambos os óleos. Além disso, uma análise da composição do óleo da casca foi efectuada por Walbaum e Huthig (1902). Além disso, o eugenol foi identificado como o principal constituinte do óleo das folhas por Stenhouse (1885). Pilgrim (1909) relatou que o óleo da casca da raiz contém cânfora, dipenteno, felandreno, cineol, eugenol, safrol, cariofeleno e borneol.

Sritharan (1984) investigou nove espécies de *Cinnamomum* e, das nove, sete espécies endémicas, incluindo *C. sinharajanse, C. rivulorum, C. dubium, C. capparu-coronde, C. ovalifolium, C. litseaefolium* e *C. citriodorum*, foram analisadas quanto aos seus principais constituintes químicos de óleos voláteis por análise TLC.

O Kappuru kurundu (canela-cânfora) é uma das espécies de canela endémica do Sri Lanka, entre sete espécies de *Cinnamomum* endémicas, que foi descrita pela primeira vez por Blume em 1836. Kostermans (1973) descreveu as caraterísticas botânicas do kappuru kurundu como "Árvore de canela esquecida do Ceilão", à qual atribui o nome botânico *Cinnamomum capparu- coronde* Bl. É também uma das espécies endémicas limitadas às florestas húmidas da zona baixa do país, como as reservas florestais de Sinharaja e Kanneliya, em encostas e áreas montanhosas de altitudes entre 90 m e 1 100 m (Figura 4.1). O Kappuru kurundu também é considerado uma espécie rara. De acordo com a Lista Vermelha Nacional do Sri Lanka, publicada em 2000, *Cinnamomum capparu-coronde* foi considerada uma espécie ameaçada. Contudo, o último estudo ecogeográfico das espécies endémicas de canela, realizado por Kumarathilake et al (2010), mostra que o valor médio da pontuação na lista vermelha (ARLSV) é de 4 para a *Cinnamomum capparu-coronde*, que é agora considerada uma espécie altamente ameaçada (HT). Além disso, foi incluída como espécie ameaçada na última lista vermelha mundial de espécies ameaçadas da IUCN.

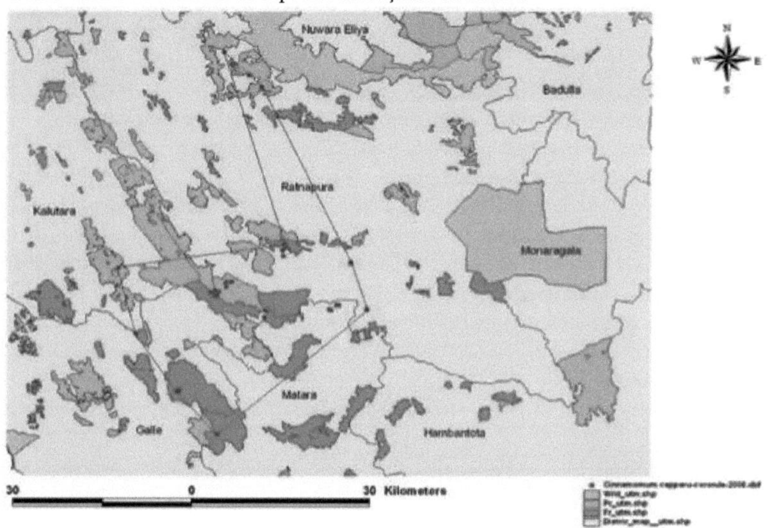

Figura 4.1: Mapa de distribuição de *Cinnamomum capparu-coronde* no Sri Lanka (Kumarathilaka et al 2010)

A árvore Kappuru kurundu cresce até cerca de 40 pés de altura. Cresce principalmente à sombra. As folhas são opostas, com ápice ligeiramente acuminado, base subaguda-obtusa, lâmina coriácea lanceolada de 11 a 3 cm de comprimento. O folheto é de cor rosa claro a verde e estão presentes galhas nas folhas (Figura 4.2). A época de floração é de março a abril. A casca é áspera e de cor castanha. As folhas de *Cinnamomum cappuru-coronde* têm um aroma picante caraterístico, semelhante ao do cravinho, devido ao elevado teor de eugenol, e a casca do caule tem um aroma agradável em comparação com as folhas. Por conseguinte, as folhas são utilizadas na medicina tradicional para tratar uma vasta gama de doenças, incluindo dores de dentes, bronquite e reumatismo.

Figura 4.2: Planta e folha de *Cinnamomum capparu-coronde*

Os estudos de cromatografia líquida em fase gasosa do óleo volátil da casca de *Cinnamomum capparu-coronde* foram efectuados pela primeira vez em 1974 por R. O. B. Wijesekera, que mostrou que o óleo da casca contém linalol (29%), eugenol (23%) e 1: 8 cineol (16%) como constituintes principais. Além disso, as composições químicas dos óleos essenciais de folhas secas, casca do caule e casca da raiz de *Cinnamomum capparu-coronde* foram estudadas posteriormente por cromatografia de camada fina (TLC) por Sritharan (1984). Os resultados da TLC dos óleos da casca do caule, das folhas e da casca da raiz de *C. capparu-coronde* são apresentados no Quadro 4.2. No entanto, os resultados destes dois estudos mostraram resultados contraditórios entre si.

Tabela 4.2: Resultados de TLC dos óleos essenciais de *Cinnamomum capparu-coronde*

Componente químico	Óleo de casca de tronco	Óleo de folhas	Óleo de casca de raiz
Cinamaldeído	-	-	-
Eugenol	++++	++++	++++
Linalol	+++	++	+
a-Terpineol	-	+	+
Acetil eugenol	++	+	+
1-8, Cineole	-	+	+
Desconhecido	+	+	+

Intensidade das manchas de ácido vanilino-sulfúrico ++++ = Elevada; +++ = Moderada; ++ = Reduzida; + = Traço, - = Ausente

Um estudo recente sobre a análise cromatográfica em fase gasosa de *C. capparu-coronde* efectuado por Liyanage et al. mostrou que o óleo das folhas contém ʙ-cariofeleno (17,3%), desconhecido (15,6%), álcool cinamílico (5,7%), geraniol (5,5%), cinamato de metilo (4,5%), linalol (4,3%) e cinamaldeído (2,8%) como compostos principais. Além disso, não foi efectuado nenhum estudo exaustivo sobre Cinnamomum capparu-coronde com análise de espetrometria de massa por cromatografia gasosa para os óleos essenciais da folha, da casca e da raiz.

4.2 Experimental

4.2.1 Material vegetal

O estudo do género *Cinnamomum* foi investigado nas florestas de terras húmidas, incluindo a floresta de Sinharaja, as florestas de Kanneliya e a floresta da zona seca de Nilgala, através de um estudo transversal, tal como descrito em 2.1.1. As amostras de casca do caule, folha e casca da raiz foram recolhidas na Reserva Florestal de Sinharaja, conforme descrito em 2.1.2. Tal como descrito no ponto 2.1.3, foi atribuído um código às amostras colhidas e foi depositado um espécime de prova (espécime de prova n.º - CNCC - 3) para cada amostra no Herbário Nacional do Sri Lanka e o Herbário Nacional autenticou o material vegetal como *Cinnamomum capparu-coronde* Bl. A extração e análise do óleo para os três óleos foram feitas a partir das partes obtidas da mesma planta, que é uma árvore de tamanho médio com cerca de 3 metros de altura.

4.2.2 Destilação de material vegetal

As amostras selvagens selecionadas *de Cinnamomum capparu-coronde* Bl. foram secas ao ar e cortadas em pequenos pedaços, como descrito no ponto 2.2. As amostras de casca, folha e raiz secas ao ar foram submetidas a hidrodestilação com o aparelho Clevenger, como descrito no ponto 2.4.1. Além disso, a análise da humidade do material vegetal foi efectuada com o aparelho Dean and Stark, como descrito no ponto 2.3.1.

4.2.3 Análise dos óleos

A análise química dos óleos extraídos das amostras de cascas, folhas e raízes foi efectuada por GC-MS seguida de GC-FID utilizando a coluna DB-Wax e os parâmetros físicos dos óleos foram efectuados por refratómetro, polarímetro e picnómetro, tal como descrito no ponto 2.5.

4.2.3.1 Análise GC-MS

A preparação das amostras para GC-MS foi efectuada como descrito no ponto 2.5.2.1 e a análise GC-MS dos óleos foi efectuada como descrito no ponto 2.5.3.1.

4.2.3.2 Análise GC-FID

A preparação da amostra para GC-FID foi efectuada como descrito no ponto 2.5.2.2 e a análise GC-FID dos óleos foi efectuada como descrito no ponto 2.5.3.2.

4.2.3.3 Identificação e quantificação de compostos

A identificação dos compostos presentes em cada amostra de óleo essencial foi efectuada por GC-MS e por cálculos do índice de retenção de cada pico, tal como descrito em 2.5.3.1 e 2.5.3.3, respetivamente.

4.2.3.4 Análise dos parâmetros físicos

A análise dos parâmetros físicos, incluindo o índice de refração, a rotação ótica, a densidade relativa e a solubilidade em etanol a 70%, foi efectuada como descrito no ponto 2.5.6.

4.3 Resultados

4.3.1 Aspeto, odor e rendimento dos óleos essenciais de *Cinnamomum capparu-coronde*

O quadro 4.3 apresenta as propriedades gerais dos óleos essenciais obtidos de *C. capparu-coronde*, incluindo a cor, o odor e o rendimento de cada óleo.

Quadro 4.3: Aspeto, odor e rendimento dos óleos extraídos de *Cinnamomum capparu-coronde*

Tipo de óleo	Cor/densidade	Odor	Teor percentual de óleo com base no peso seco %(v/w)
Casca do caule	Amarelado escuro/óleo claro	Agradável aroma floral	1.2

Folha	Amarelado pálido/óleo claro	Agradável como o cravo	0.7
Casca de raiz	Ligeiramente amarelado/óleo pesado	Cânfora agradável	3.0

4.3.2 Análise cromatográfica em fase gasosa de óleos essenciais destilados em laboratório

A Tabela 4.4 mostra a análise cromatográfica em fase gasosa dos óleos essenciais de *C. capparu-coronde* obtidos de diferentes partes da planta. Mostra o aparelho utilizado para as extracções de óleo, a coluna utilizada para a análise e os detalhes dos cromatogramas para a análise GC-MS e GC-FID de cada óleo.

Tabela 4.4: Análise GC dos óleos essenciais *de Cinnamomum capparu-coronde*

Óleo essencial	Aparelhos utilizados para a destilação	Coluna	Análise GC-MS Figura Nos.	Análise GC-FID Figura Nos.
Casca do caule	Aparelho de Clevenger (braço de óleo leve)	Cera DB	4.3	4.4
Folha	Aparelho de Clevenger (braço de óleo leve)	Cera DB	4.5	4.6
Casca da raiz	Aparelho de Clevenger (braço de óleo leve)	Cera DB	4.7	4.8

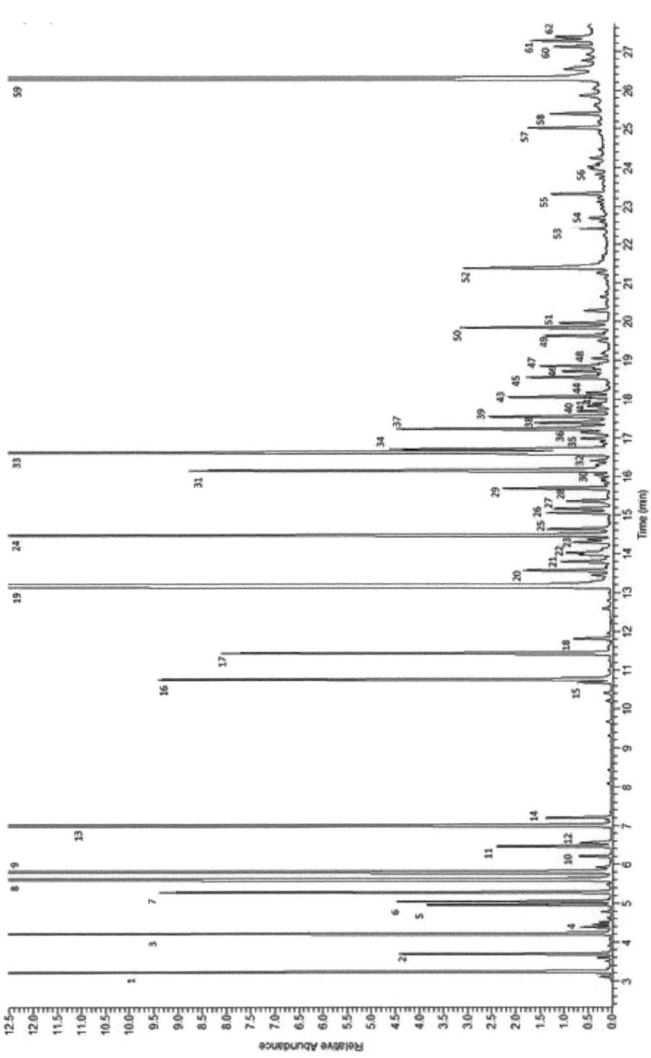

Fig 4.3. Cromatograma GC-MS do óleo da casca do caule *de Cinnamomum capparu-coronde* na coluna DB-Wax

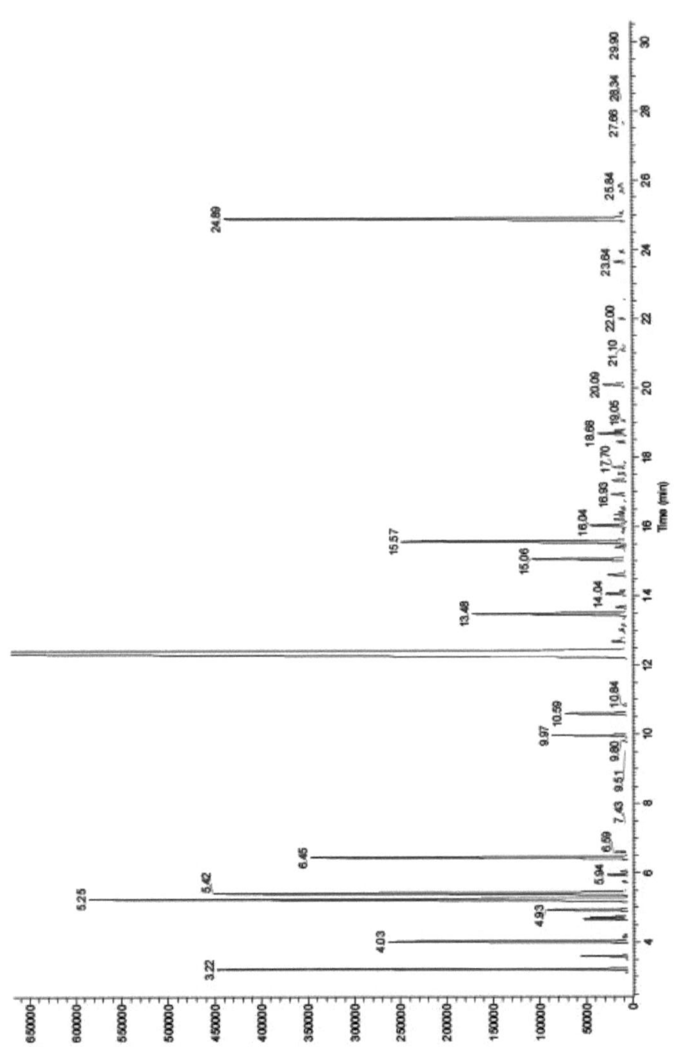

Fig 4.4 . Cromatograma GC-FID do óleo da casca do caule de *Cinnamomum capparu-coronde* na coluna DB-Wax

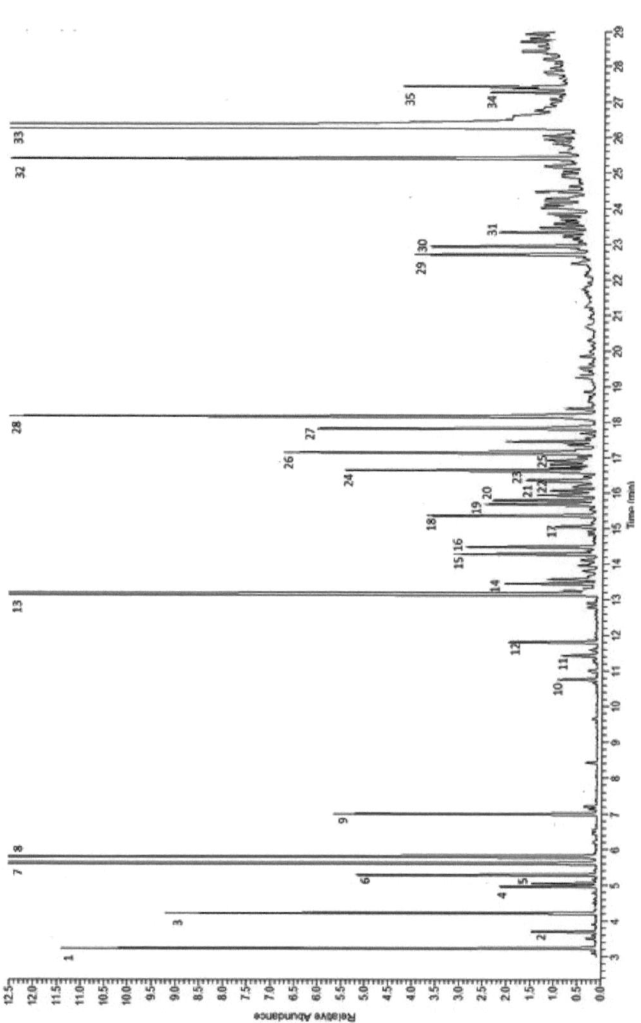

Fig 4.5. Cromatograma GC-MS do óleo de folhas de *Cinnamomum capparu-coronde* na coluna DB-Wax

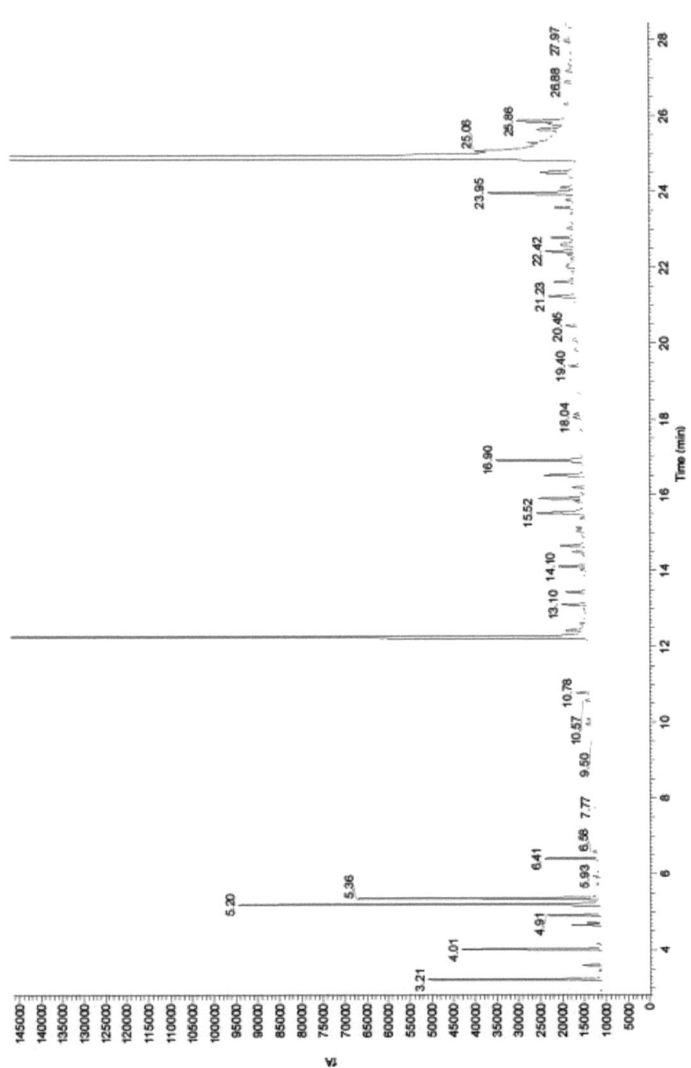

Fig 4.6. Cromatograma GC-FID do óleo de folhas de *Cinnamomum capparu-coronde* na coluna DB-Wax

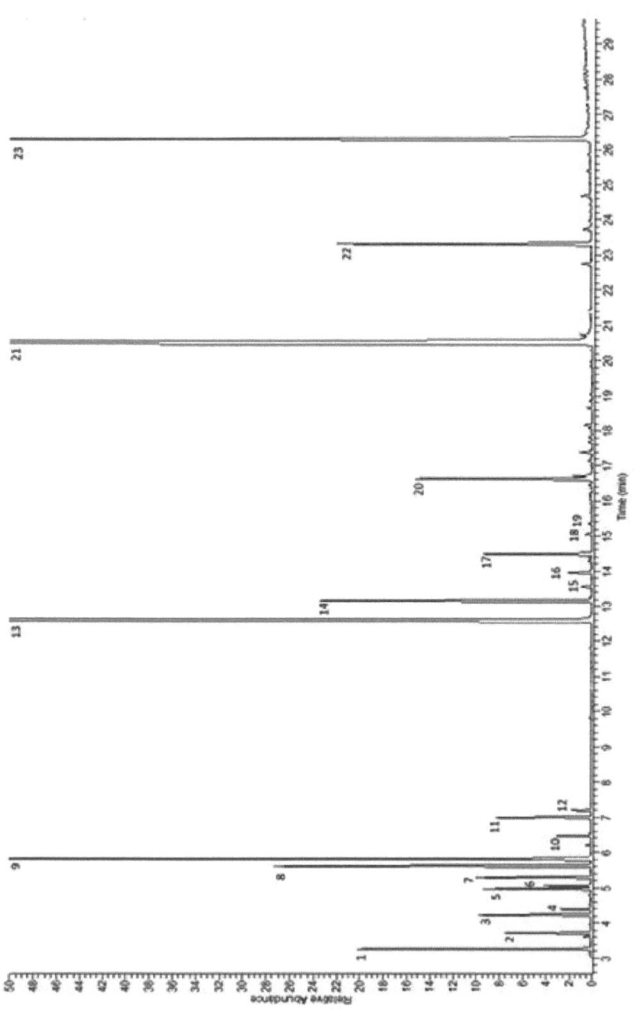

Fig 4.7. Cromatograma GC-MS do óleo do tronco da raiz de *Cinnamomum capparu-coronde* em DB-Wax

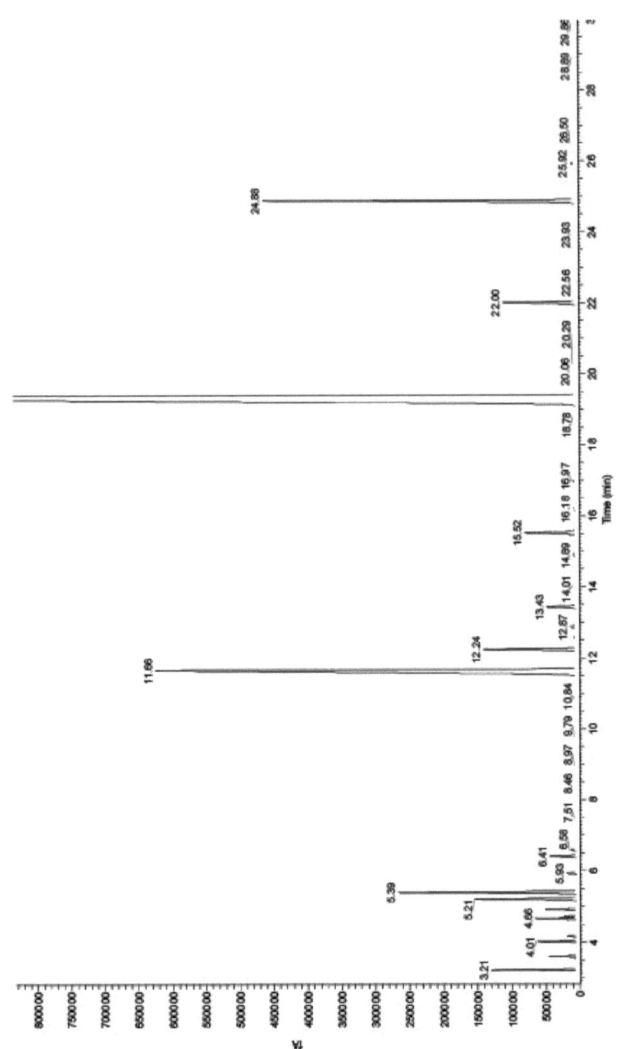

Fig 4.8. Cromatograma GC-FID do óleo do tronco da raiz de *Cinnamomum capparu-coronde* em DB-Wax

4.3.2.1 Análise cromatográfica em fase gasosa do óleo da casca do caule *de Cinnamomum capparu-coronde*

A Tabela 4.5 mostra os constituintes químicos do óleo da casca do caule *de C. capparu-coronde*. Cada componente químico da amostra foi identificado por análise GC-MS e os constituintes químicos selecionados foram ainda confirmados por injeção de padrões analíticos em GC-MS (denotados como GC-MS* na Tabela 4.5). Os componentes químicos no cromatograma GC-FID (Figura 4.4) foram atribuídos por comparação com o cromatograma GC-MS (Figura 4.3). Posteriormente, a abundância relativa de cada constituinte químico foi obtida a partir dos resultados do GC-FID.

Quadro 4.5: Composição do óleo essencial da casca do caule *de Cinnamomum capparu-coronde*

N.º de pico	Componente	RT	Método de identificação	Abundância relativa, %, w/w
1	a-Pineno	3.22	GC-MS*	3.9
2	Camphene	3.70	GC-MS	0.4
3	P-Pineno	4.22	GC-MS*	2.5
4	Sabineno	4.38	GC-MS	Tr
5	P-Mirceno	4.96	GC-MS	0.5
6	a-Phellandrene	5.04	GC-MS	0.4
7	a-Terpinoleno	5.28	GC-MS*	0.9
8	d-Limoneno	5.61	GC-MS*	9.3
9	1,8-Cineol	5.80	GC-MS*	6.3
10	trans-P-Ocimeno	6.21	GC-MS	Tr
11	Y-Terpineno	6.46	GC-MS*	Tr
12	P-cis-Ocimeno	6.55	GC-MS	0.2
13	p-Cimeno	7.00	GC-MS	4.7
14	Desconhecido	7.21	-	0.1
15	p-Cimeno	10.68	GC-MS	Tr
16	óxido *de cis-linalol*	10.77	GC-MS	1.1
17	óxido *de trans-linalol*	11.44	GC-MS	0.9
18	a-Copaeno	11.81	GC-MS	Tr
19	Linalol	13.18	GC-MS*	44.5
20	*trans -p-Menth-2-en-1* -ol	13.57	GC-MS	0.2
21	Pinocarvona	13.79	GC-MS	0.1
22	Álcool fenílico	14.02	GC-MS	Tr
23	Cariofileno	14.30	GC-MS	0.1
24	Terpinen-4-ol	14.49	GC-MS*	2.5
25	Desconhecido	14.65	-	0.1
26	*cis -p-Menth-2-en-1* -ol	15.06	GC-MS	0.3
27	Desconhecido	15.16	-	0.1
28	Allo-Aromadendreno	15.36	GC-MS	Tr
29	trans-Pinocarveol	15.69	GC-MS	0.3
Número de pico	**Componente**	**RT**	**Método de identificação**	**Abundância relativa, %, w/w**
30	Estragole	16.05	GC-MS	Tr
31	Crípton	16.17	GC-MS	1.7
32	Desconhecido	16.41	-	Tr
33	a-Terpineol	16.63	GC-MS	4.0
34	Borneol	16.72	GC-MS	Tr
35	cis-verbenona	16.98	GC-MS	Tr

36	Desconhecido	17.14	-	0.1
37	Phellandral	17.23	GC-MS	0.6
38	Piperitona	17.39	GC-MS	0.2
39	Carvone	17.54	GC-MS	0.2
40	trans-Piperitol	17.69	GC-MS	0.1
41	8-Cadineno	17.82	GC-MS	0.1
42	Desconhecido	17.89	-	Tr
43	3,7-óxido de trans-linalol	18.06	GC-MS	0.3
44	cis-B-Bisaboleno	18.17	GC-MS	Tr
45	Benzaleído	18.57	GC-MS	0.3
46	Mirtenol	18.72	GC-MS	0.1
47	cis-Geraniol	18.86	GC-MS	0.2
48	trans-Carveol	19.05	GC-MS	0.1
49	Desconhecido	19.64	-	Tr
50	Geraniol	19.85	GC-MS	0.4
51	p-Cimeno-8-ol	19.97	GC-MS	Tr
52	Lauraldeído	21.38	GC-MS	0.5
53	*p-Mentil-1*,5 -dieno -7-ol	22.41	GC-MS	0.1
54	Óxido de cariofeleno	22.70	GC-MS*	Tr
55	Metil eugenol	23.33	GC-MS*	Tr
56	Desconhecido	23.97	-	Tr
57	Álcool cúmico	25.03	GC-MS	0.2
58	Spathulenol	25.40	GC-MS	0.1
59	Eugenol	26.30	GC-MS*	7.1
60	Timol	27.12	GC-MS	Tr
61	Desconhecido	27.25	-	Tr
62	a-Cadinol	27.37	GC-MS	0.2

RT = Tempo de retenção na análise GC-MS; Tr = vestígios (< 0,1%); - = não detectado;
GC-MS - Análise espectroscópica de massa por cromatografia gasosa
GC-MS* - Confirmação do constituinte químico por GC-MS com um padrão analítico

4.3.2.2 Análise cromatográfica em fase gasosa do óleo de folhas de *Cinnamomum capparu-coronde*

A Tabela 4.6 mostra os constituintes químicos do óleo de folhas de *C. capparu-coronde*. Cada componente químico da amostra foi identificado por análise GC-MS e os constituintes químicos selecionados foram confirmados por injeção de padrões analíticos em GC-MS (denotados como GC-MS* na Tabela 4.6). Os componentes químicos no cromatograma GC-FID (Figura 4.6) foram atribuídos por comparação com o cromatograma GC-MS (Figura 4.5). Posteriormente, a abundância relativa de cada constituinte químico foi obtida a partir dos resultados do GC-FID.

Tabela 4.6: Composição do óleo essencial da folha de *Cinnamomum capparu-coronde*.

Número de pico	Componente	RT	Método de identificação	Abundância relativa, %, w/w
1	a-Pineno	3.22	GC-MS*	0.9
2	Camphene	3.70	GC-MS	0.1
3	P-Pineno	4.22	GC-MS*	0.8
4	P-Mirceno	4.96	GC-MS	0.2
5	a-Phellandrene	5.04	GC-MS	Tr
6	a-Terpinoleno	5.28	GC-MS*	0.3
7	d-Limoneno	5.61	GC-MS*	2.3
8	1,8-Cineol	5.80	GC-MS*	1.6

9	p-Cimeno	7.00	GC-MS	tr
10	óxido *de cis-linalol*	10.77	GC-MS	tr
11	óxido *de trans-linalol*	11.44	GC-MS	tr
12	a-Copaeno	11.81	GC-MS	0.1
13	Linalol	13.18	GC-MS*	8.8
14	*trans -p-Menth-2-en-1* -ol	13.57	GC-MS	tr
15	Cariofileno	14.30	GC-MS*	tr
16	Terpinen-4-ol	14.49	GC-MS*	tr
17	*cis -p-Menth-2-en-1* -ol	15.06	GC-MS	tr
18	Allo-Aromadendreno	15.36	GC-MS	tr
19	trans-Pinocarveol	15.69	GC-MS	tr
20	P-Farneseno	15.80	GC-MS	0.2
21	Humuleno	15.94	GC-MS	0.1
22	Estragole	16.05	GC-MS	tr
23	Desconhecido	16.41	-	0.1
24	a-Terpineol	16.63	GC-MS*	0.5
25	Borneol	16.72	GC-MS	tr
26	в-Bisaboleno	17.15	GC-MS	0.5
27	Y-Cadineno	17.82	GC-MS	0.4
28	trans-a-Bisaboleno	18.17	GC-MS	0.8
29	*trans* -Nerolidol	22.42	GC-MS	0.3
N.º de pico	**Componente**	**RT**	**Método de identificação**	**Abundância relativa, %, w/w**
30	Óxido de cariofeleno	22.70	GC-MS	0.3
31	Metil eugenol	23.33	GC-MS*	0.1
32	Spathulenol	25.40	GC-MS	0.9
33	Eugenol	26.30	GC-MS*	71.6
34	Timol	27.12	GC-MS	Tr
35	a-Cadinol	27.37	GC-MS	0.5

4.3.2.3 Análise cromatográfica em fase gasosa do óleo do tronco da raiz de *Cinnamomum capparu-coronde*

A Tabela 4.7 mostra os constituintes químicos do óleo do tronco da raiz de *C. capparu-coronde*. Cada componente químico da amostra foi identificado por análise GC-MS e os constituintes químicos selecionados foram ainda confirmados por injeção de padrões analíticos em GC-MS (denotados como GC-MS* na Tabela 4.7). Os componentes químicos no cromatograma GC-FID (Figura 4.8) foram atribuídos por comparação com o cromatograma GC-MS (Figura 4.7). Posteriormente, a abundância relativa de cada constituinte químico foi obtida a partir dos resultados do GC-FID

Quadro 4.7: Composição do óleo essencial da casca da raiz de *Cinnamomum capparu-coronde*

N.º de pico	Componente	RT	Método de identificação	Abundância relativa, %, w/w
1	a-Pineno	3.26	GC-MS*	1.1
2	Camphene	3.71	GC-MS	0.4
3	P-Pineno	4.23	GC-MS*	0.5
4	Sabineno	4.39	GC-MS	0.1
5	P-Mirceno	4.96	GC-MS	0.6
6	a-Phellandrene	5.04	GC-MS	0.2
7	a-Terpinoleno	5.28	GC-MS*	0.5

8	d-Limoneno	5.61	GC-MS*	1.7
9	1,8-Cineol	5.80	GC-MS*	4.4
10	Y-Terpineno	6.46	GC-MS*	0.1
11	p-Cimeno	7.00	GC-MS	0.4
12	Desconhecido	7.20	-	0.2
13	d-Cânfora	11.66	GC-MS	16.4
14	Linalol	13.18	GC-MS*	1.8
15	*trans -p-Menth-2-en-1* -ol	13.57	GC-MS	Tr
16	Acetato de bornilo	13.95	GC-MS	Tr
17	Terpinen-4-ol	14.49	GC-MS*	0.6
18	*cis -p-Menth-2-en-1* -ol	15.06	GC-MS	Tr
19	alo-Aromadendreno	15.36	GC-MS	Tr
Número de pico	**Componente**	**RT**	**Método de identificação**	**Abundância relativa, %, w/w**
20	a-Terpineol	16.63	GC-MS*	1.1
21	Safrole	20.54	GC-MS*	58.6
22	Metil eugenol	23.33	GC-MS*	1.6
23	Eugenol	26.30	GC-MS*	7.6

4.3.3 Comparação dos constituintes químicos dos óleos da casca do caule, das folhas e da casca da raiz de *Cinnamomum capparu-coronde* Bl.

A Tabela 4.8 mostra a comparação da análise cromatográfica em fase gasosa dos óleos da casca do caule, da folha e da casca da raiz de *Cinnamomum capparu-coronde* Bl. O Índice de Retenção de cada composto foi calculado conforme descrito em 2.5.3.3.

Quadro 4.8: Comparação das composições (%) dos óleos das folhas, da casca do caule e da casca da raiz de *Cinnamomum capparu-coronde* Bl.

RI B029M	Componente OPinenl	HReOt Folha 0.9	abundância viva, %, Casca do tronco	Casca de raiz 1.1
1076	Camphene	0.1	0.4	0.4
1096	4-Thujene	-	-	0.1
1118	P-Pineno	0.8	2.5	0.5
1128	Sabineno	-	tr	-
1167	P-Mirceno	0.2	0.5	0.6
1172	a-Phellandrene	tr	0.4	0.2
1188	a-Terpinoleno	0.3	0.9	0.5
1208	D-Limoneno	2.3	9.3	1.7
1218	1,8-Cineol	1.6	6.3	4.4
1239	trans-P-Ocimeno	-	tr	-
1252	Y-Terpineno	-	tr	0.1
1256	P-cis-Ocimeno	-	0.2	-
1280	p-Cimeno	tr	4.7	0.4
-	Desconhecido	-	0.1	-
1447	p-Cimeno	-	tr	-
1447.6	óxido *de cis-linalol*	tr	1.1	-
1457	óxido *de trans-linalol*	tr	0.9	-
1489	d-Cânfora	-	-	16.4
1496	a-Copaeno	0.1	tr	-
1555	Linalol	8.8	44.5	1.8
1571	*trans -p-Menth-2-en-* 1-ol	tr	0.2	Tr

RI	Componente	Abundância relativa, %, w/w		
		Folha	Casca de caule	Casca de raiz
1581	Pinocarvona	-	0.1	-
1591	Álcool fenchílico	-	tr	-
1603	Cariofileno	tr	0.1	-
-	Desconhecido	-	tr	-
1612	Terpinen-4-ol	tr	2.5	0.6
-	Desconhecido	-	0.1	-
1637	*cis -p-Menth-2-en-1* -ol	tr	0.3	tr
-	Desconhecido	-	0.1	-
1650	alo-Aromadendreno	tr	tr	Tr
1665	trans-Pinocarveol	tr	0.3	-
1670	P-Farneseno	0.2	-	-
1676	Humuleno	0.1	-	-
1680	Estragole	tr	tr	-
1686	Crípton	-	1.7	-
-	Desconhecido	0.1	tr	-
1706	a-Terpineol	0.5	4.0	1.1
1710	Borneol	tr	tr	-
1722	cis-verbenona	-	tr	-
-	Desconhecido	-	0.1	-
1741	Piperitona	-	0.2	-
1748	Carvone	-	0.2	-
1755	trans-Piperitol	-	0.1	-
1761	8-Cadineno	0.4	0.1	-
-	Desconhecido	-	tr	-
1770	Óxido de linalol	-	0.3	-
1777	cis-в-Bisaboleno	0.8	tr	-
1785	Benzaleído	-	0.3	-
1802	Mirtenol	-	0.1	-
1808	cis-Geraniol	-	0.2	-
1817	trans-Carveol	-	0.1	-
1833	Safrole	-	-	58.6
-	Desconhecido	-	0.4	-
1861	p-Cimeno-8-ol	-	tr	-
1930	Lauraldeído	-	0.5	-
1981.2	*p-Mentil-* 1,5-dieno -7-ol	-	0.1	-
1981.7	*trans* -Nerolidol	0.3	-	-
1995.5	Óxido de cariofeleno	0.3	tr	-
2021.2	Metil eugenol	0.1	tr	1.6
-	Desconhecido	-	tr	-
2116.7	Álcool cúmico	-	0.2	-
2133.3	Spathulenol	0.9	0.1	-
2184.9	Eugenol	71.6	7.1	-
RI	**Componente**	**Abundância relativa, %, w/w**		
		Folha	**Casca de caule**	**Casca de raiz**
2230.3	Timol	tr	tr	-
-	Desconhecido	-	tr	-
2244.4	a-Cadinol	0.5	0.2	-

RI = Índice de retenção; tr = vestígios (< 0,1%); - = não detectado

4.3.4 Análise dos parâmetros físico-químicos dos óleos

O quadro 4.9 apresenta algumas das propriedades físico-químicas dos óleos da casca do caule, da folha e da casca da raiz de
C. capparu-coronde Bl. As análises foram efectuadas como descrito no ponto 2.5.6.

Quadro 4.9: Comparação dos parâmetros físico-químicos de *Cinnamomum capparu-coronde*
Óleos Bl.

Caraterísticas	Fonte		
	Óleo de casca de tronco	Óleo de folhas	Óleo de casca de raiz
Densidade específica a 25 C°	0.9760	0.9880	1.0450
Índice de refração a 25 C°	1.5756	1.5150	1.5870
Rotação ótica a 25 C°	+0.50	-16.00	5.60
Solubilidade em etanol a 70%	1 volume de amostra em 2 volumes de etanol a 70%		

4.4 Discussão

4.4.1 Óleo da casca do caule *de Cinnamomum capparu-coronde* Bl.

Os óleos essenciais isolados da casca do caule de *C. capparu-coronde* eram óleos amarelados, mais leves do que a água, com um aroma intenso, aromático e agradável. O rendimento do óleo foi de 1,2% (v/w) com base no peso seco do óleo da casca do caule.

O presente estudo foi a primeira análise exaustiva por GC-MS do óleo da casca do caule de *C. capparu- coronde*. Entre os três óleos essenciais, o óleo da casca do caule contém o maior número de componentes, sessenta e dois compostos (Figura 4.3), dos quais cinquenta e três componentes foram identificados por GC-MS (Quadro 4.5). O presente estudo mostra que a casca do caule tem linalol (44,5%), d-limoneno (9,3%), eugenol (7,1%) e 1,8-cineol (6,3%) como os compostos principais.

Os resultados do GC-MS do óleo da casca do caule foram comparados com os estudos anteriores. Os resultados de GC-MS do presente estudo confirmam os componentes principais do óleo da casca de *C. capparu-coronde* como linalol, D-limoneno, eugenol e 1,8-cineol, que foram analisados por R. O. B. Wijesekera pela primeira vez em 1974. No entanto, os resultados da análise cromatográfica em camada fina (TLC) (Quadro 4.2) do óleo da casca do caule por Sritharan, coincidem parcialmente com os resultados actuais de GC-MS, onde os componentes linalol e eugenol são comuns em ambos os estudos.

4.4.2 Óleo de folhas de *Cinnamomum capparu-coronde* Bl.

Os óleos essenciais isolados das folhas de *C. capparu-coronde* eram óleos amarelados pálidos, mais leves do que a água, com um cheiro intenso, aromático e agradável a cravinho. O rendimento do óleo foi de 0,7% (v/w) com base no peso seco do óleo das folhas. No entanto, o rendimento de óleo é bastante inferior ao estudo recente efectuado por Liyanage et al., que é de 1,49% em base seca. O rendimento em óleo do material vegetal depende totalmente da maturidade e das condições ambientais.

No presente estudo, foram detectados trinta e cinco componentes no óleo essencial das folhas e, destes, trinta e quatro componentes foram identificados por GC-MS. O eugenol (71,6%) foi identificado como o composto principal e o linalol (8,8%), o D-limoneno (2,3%) e o 1,8-cineol (1,6%) estavam presentes como componentes secundários.

4.4.3 Óleo da casca da raiz de *Cinnamomum capparu-coronde* Bl.

O estudo em apreço é o primeiro estudo de sempre do óleo da casca da raiz de *C. capparu-coronde* por cromatografia gasosa. Mostra que o óleo da casca da raiz contém um tipo totalmente diferente de componentes principais em comparação com os óleos da casca da folha e do caule. De acordo com o presente estudo, os componentes principais do óleo da casca da raiz são o safrol (58,6%) e a d-cânfora (16,4%). No entanto, o estudo anterior efectuado por Sritharan et al. mostra que a impressão digital TLC do óleo do caule da raiz (Tabela 4.2) mostra o eugenol como o composto principal e linalol, a-terpineol, acetil eugenol, 1-8, cineol e um composto desconhecido como os componentes menores. No entanto, os resultados de GC-MS e TLC não são compatíveis entre si.

Referência

Brown, E. G. (1955). Cinnamon and cassia: sources, production and trade I. Cinnamon, Colonial plant and Animal Prod. 5: 257 - 280.

Dumas, J. e Peligot, E. (1835). Organisch- Chemisches Untersuchungen uber das zimtoel. Annalen. 14. pp. 50- 74.

Guenther, E. (1950). The essential oils, Vol IV, Nova Iorque: D. Van Nostrand Co.

IUCN Sri Lanka, (2000). The 1999 list of threatened fauna and flora of Sri Lanka, Colombo, Sri Lanka.

Kostermans, A.J.G.H. (1973). A Forgotten Ceylonese Cinnamon-tree (*Cinnamomum capparu-coronde* Bl.) Ceylon J.Sci. (Bio. Sci) Vol. 10, No. 2. pp. 119 - 121.

Kostermans, A.J.G.H. (1995). Lauraceae A Revised Handbook to the Flora of Ceylon 112-129. (Eds. M.D. Dasanayake, F. Fosberg e W.D. Clayton) volume ix Amerind Publishing Co. Pvt, Ltd. Nova Deli, Índia.

Kumarathilake, D.M.H.C., Senanayake, S.G.J.N., Wijesekara, G.A.W., Wijesundera, D.S.A., Ranawaka, R.A.A.K. (2010). Avaliações do risco de extinção ao nível das espécies: National Red List Status of Endemic Wild Cinnamon Species in Sri Lanka, *Tropical Agriculture Research Vol. 21 (3):* 247- 257.

Liyanage, T., Madhujith, T., Wijesinghe, K.G.G. (2017), Estudo comparativo sobre os principais constituintes químicos no óleo volátil de canela verdadeira (Cinnamomum verum Presl. syn. C. zeylanicum Blum.) e cinco espécies de canela selvagem cultivadas no Sri Lanka. *Tropical Agriculture Research Vol. 28 (3):* 270- 280.

Pilgrim, A. A. L. (1909). "Bijidrage tot de kennis Van De Aetherische Olie Uit Wortelblast van *Cinnamomum zelanicum* Breijn. Phorm, Weekblad. 46. pp: 50 -54.

Rosenbrook, D.D., Bolze, C. C. e Barney, J. E. (1968). Um método para determinar o óleo volátil de vapor em Casssia. J.A.O.A.C. 51: 644- 650.

Sritharan, R. (1984). The study of genus Cinnamon, M.Phil. thesis, PGIA, Peradeniya, Sri Lanka.

Stenhouse, J. (1885). Ueber des S. G. Zimblatter oel von Ceylon" Annalen. 95: 103 - 106.

Walbum, H. e Hutlig, O. (1902). Uber das Ceylon-Zimmtol. J. Prakash, chem. 66: 47- 58.

Wijesekera, R.O.B. & Jayewardene, A.L. (1974). Óleos essenciais, III. Chemical Constituents of the Volatile Oil from the Bark of a Rare Variety of Cinnamon; *Journal of National Science Council, Sri Lanka,* 2 (2): 141 - 146.

CAPÍTULO 5

Óleos essenciais de *Cinnamomum dubium* Nees (Sin: Sewela Kurundu)

5.1 Introdução

A Cinnamomum dubium Nees (Sin: Wal Kurundu ou Sewela Kurundu) é uma das espécies de canela endémica do Sri Lanka, entre sete espécies de *Cinnamomum* endémicas, que foi descrita pela primeira vez por Nees. *C.dubium* cresce extensivamente na Reserva Florestal de Kanneliya. De acordo com o último estudo ecogeográfico realizado por Kumarathilake et. al (2010), concluiu-se que *C. dubium* era a espécie de *Cinnamomum* mais comum nas florestas da zona húmida, incluindo as reservas florestais de Sinharaja e Kanneliya. Também se encontra distribuída nos distritos de Galle, Matara, Kalutara, Rathnapura, Kegalle, Colombo, Gampaha, Baddula e Kandy, como mostra a Figura 5.1. Além disso, o estudo prova que o valor médio da pontuação na lista vermelha (ARLSV) de *C. dubium* foi de 1,375 e foi considerado não ameaçado (NT).

Fonte: Kumarathilake et. al (2010)

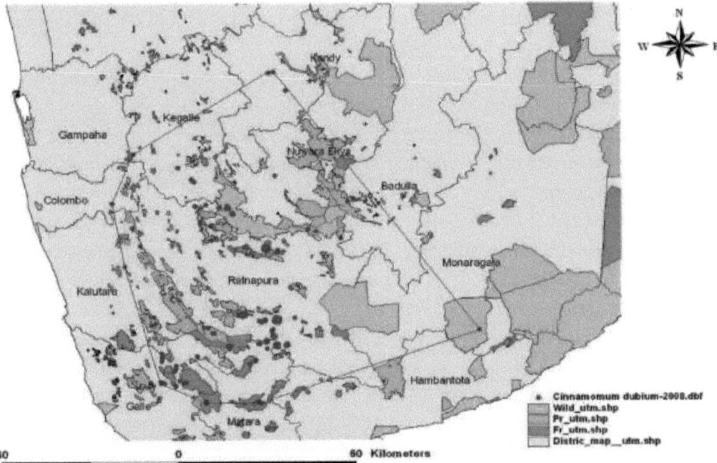

Figura 5.1: Mapa de distribuição *de Cinnamomum dubium* no Sri Lanka

Para além disso, de acordo com a Lista Vermelha Nacional do Sri Lanka, publicada em 2000, *C. dubium* foi designada como espécie não ameaçada (IUCN Sri Lanka, 2000). Tem boas taxas de sobrevivência em zonas húmidas de baixa altitude e grande adaptabilidade a diferentes condições climáticas. Por conseguinte, a população de *C. dubium* manteve-se estável nas últimas décadas.

A árvore *C. dubium* é uma árvore pequena, que cresce até cerca de 7 a 10 pés de altura. Cresce tanto em condições húmidas como secas. As folhas são subopostas, com ápice obtuso a elíptico, base obtusa a subaguda, lâmina coriácea, superfície inferior pubescente e lanceolada (11 a 4 cm de comprimento). O pecíolo é fino, com cerca de 1,5 cm de comprimento. Três nervuras partem da base, a nervura mediana é proeminente e as duas nervuras laterais atingem o ápice da folha. O folíolo é cor-de-rosa claro e estão presentes galhas nas folhas (Figura 5.2a). As flores são de cor amarelada (Figura 5.2b) e a época de floração é de janeiro a fevereiro (Sritharan, 1984). O tamanho da folha é bastante maior do que *Cinnamomum capparu-coronde* na fase inicial da planta. No entanto, o tamanho da folha reduz-se significativamente com a maturidade da árvore. A casca é lisa e de cor castanha. As folhas de *C. dubium* têm um aroma caraterístico de gerânio devido à combinação de linalol, a-terpineol e eugenol e a casca do caule tem um aroma agradável em comparação com as folhas. Por conseguinte, a casca é utilizada para adulterar a canela comercial, *C. zeylanicum.* Além disso, o tronco da árvore é utilizado como madeira.

74a74b

Figura 5.2a: Planta *de Cinnamomum dubium* Figura 5.2b: Flores de *Cinnamomum dubium*

Um estudo recente sobre a análise cromatográfica em fase gasosa de *C. dubium* efectuado por Liyanage et al. mostrou que o óleo das folhas contém geraniol (24,05%), álcool cinamílico (15,65%), eugenol (9,17%), 0-cariofeleno (5,6%), hidro-cinamaldeído (4,3%), cinamato de metilo (2,48%) e a-pineno (4,04%) como compostos principais. O mesmo estudo investigou a composição do óleo da casca de *C. dubium* e registou 0-cariofeleno (41,31%), álcool cinamílico (8,61%), aldeído hidro-cinâmico (7,7%), eugenol (5,08%) e geraniol (3,86%) como os compostos principais.

Também, as composições químicas dos óleos essenciais de folhas secas, casca do caule e casca da raiz de *Cinnamomum dubium* foram estudadas por cromatografia de camada fina (TLC) por Sritharan et al (1984). Os resultados da TLC dos óleos da casca do caule, das folhas e da casca da raiz de *C. dubium* são apresentados no Quadro 5.1. Este estudo concluiu que o eugenol era o constituinte comum do óleo das folhas de espécies de canela selvagem, tais como *C. capparu-coronde, C. dubium, C. rivulorum* e *C. sinharajanse*. Além disso, o linalol era o principal constituinte do óleo da casca do caule de *C. dubium*, que tem grande procura na indústria de perfumes e na indústria farmacêutica. O linalol foi registado no óleo de rebentos *da Cinnamomum doederleinii* japonesa (Fujita, 1986).

Quadro 5.1: Resultados de TLC dos óleos essenciais de *Cinnamomum dubium*

Componente químico	Óleo de casca de tronco	Óleo de folhas	Óleo de casca de raiz
Cinamaldeído	-	-	-
Eugenol	+	++	+
Linalol	++++	+	+
a-Terpineol	-	+	+
Acetil eugenol	-	-	-
1-8, cineol	+	-	+++
Safrole	-	-	-
Desconhecido	+	+	+

Intensidade das manchas de vanilina-ácido sulfúrico
++++ = Elevado +++ = Moderado ++ = Baixo + = Vestígio - = Ausente

No entanto, os resultados de ambos os estudos sobre *C. dubium*, incluindo o estudo de Liyanage et al. por cromatografia gasosa e a análise TLC de Sritharan et al. são contraditórios entre si. Além disso, não existe nenhum estudo exaustivo efectuado sobre *C. dubium* com análise de espetrometria de massa por cromatografia em fase gasosa dos óleos essenciais das folhas, da casca e da raiz para determinar o perfil completo dos constituintes químicos. Por conseguinte, o presente estudo foi realizado para estabelecer a impressão digital GC-MS da folha, da casca do caule e da casca da raiz de *C. dubium* Nees. que é cultivada extensivamente na Reserva Florestal de Kanneliya.

5.2 Experimental

5.2.1 Material vegetal

As amostras de casca do caule, folha e casca da raiz foram colhidas na Reserva Florestal de Kanneliya, como descrito no ponto 2.1.2. Tal como descrito no ponto 2.1.3, foram atribuídos códigos às amostras recolhidas e foi depositado um exemplar para cada amostra no Herbário Nacional do Sri Lanka, tendo o Herbário Nacional autenticado o material vegetal como *Cinnamomum dubium* Nees (exemplar n.º CNDB). A extração e análise do óleo para os três óleos foram feitas a partir das partes obtidas da mesma planta, que é uma árvore de grande porte com cerca de 15 pés de altura. Além disso, foram selecionadas mais quatro plantas de *C.dubium* com diferentes estádios de maturidade e foram efectuadas extracções de óleo das folhas de cada planta (Quadro 5.2).

Quadro 5.2: Pormenores das amostras de folhas de *Cinnamomum dubium* recolhidas com os códigos das amostras e a altura da planta (nível de maturidade)

Código de amostra	Tipo de material	Altura da planta
CNDB-1	Folha	4 pés
CNDB-2	Folha	5 pés
CNDB-3	Folha	7 pés
CNDB-4	Folha	8 pés
CNDB-5*	Folha	15 pés

* - A planta utilizada para extrair o óleo da casca do caule e o óleo da casca da raiz

5.2.2 Extração de óleos essenciais de *Cinnamomum dubium*

5.2.2.1 Extração de óleos essenciais de amostras de casca, folha e raiz de *Cinnamomum dubium*

As amostras selvagens selecionadas *de C.dubium.* foram secas ao ar e cortadas em pequenos pedaços, como descrito no ponto 2.2. As amostras de casca, folha e raiz secas ao ar foram submetidas a hidrodestilação num aparelho Clevenger, como descrito em 2.4.1. Além disso, a análise da humidade do material vegetal foi efectuada com o aparelho Dean and Stark, como descrito no ponto 2.3.1.

5.2.2.2 Extração de óleos essenciais de folhas de *Cinnamomum dubium* em diferentes estádios de maturação das plantas

As amostras de folhas recolhidas em diferentes estádios de maturação de *C. dubium* (quadro 68) foram secas ao ar e cortadas em pequenos pedaços, como descrito no ponto 2.2. As amostras secas foram submetidas a hidrodestilação num aparelho Clevenger, como descrito no ponto 2.4.1.

5.2.3 Identificação e quantificação de compostos

5.2.3.1 Análise GC-MS

Os óleos extraídos em 11.2.2.1 e 11.2.2.2 foram preparados para análise GC-MS como descrito em 2.5.2.1. A identificação dos compostos presentes em cada amostra de óleo essencial foi efectuada por GC-MS e por cálculos do índice de retenção de cada pico, tal como descrito em 2.5.3.1 e 2.5.3.3, respetivamente.

5.2.3.2 Análise GC-FID

A quantificação de cada constituinte da amostra de óleo foi efectuada por GC-FID. Os óleos extraídos no ponto 11.2.2.1 foram preparados para GC-FID como descrito no ponto 2.5.2.2 e a análise GC-FID dos óleos foi efectuada como descrito no ponto 2.5.3.2.

5.2.4 Isolamento e purificação da selina-11-en-4a-ol

De acordo com os resultados da análise GC-MS, a amostra CNDB-3 com o teor mais elevado de selina-11-en-4a-ol foi selecionada para posterior purificação. A fração de terpenos da amostra foi removida pelo método da estufa de vácuo, tal como descrito no ponto 2.4.4. A amostra restante foi purificada por HPLC de reciclagem preparativa, como descrito no ponto 2.4.4.1.

5.2.5 Análise por RMN da selina-11-en-4a-ol

A^{1} H-NMR foi realizada para a fração isolada n.º 12, descrita em 2.4.4.1.2. Além disso,^{13} C - NMR foi efectuado para a mesma amostra. ^{13}A RMN C também foi efectuada em DEPT 135 e DEPT 90. A análise bidimensional por RMN foi efectuada como análise HH-COSY, análise NOESY, análise DEPT-HSQC e análise HMBC, como descrito em 2.5.5.

5.2.6 Análise dos parâmetros físicos

A análise dos parâmetros físicos, incluindo o índice de refração, a rotação ótica, a densidade relativa e a solubilidade em etanol a 70% dos óleos essenciais obtidos no ponto 11.2.2.1, foi efectuada como descrito no ponto 2.5.6.

5.3 Resultados

5.3.1 Aspeto, odor e rendimento dos óleos essenciais

O quadro 5.3 apresenta as propriedades gerais dos óleos essenciais obtidos a partir de *C. dubium* (CNDB-5), incluindo a cor, o odor e o rendimento de cada óleo.

Tabela 5.3: Aspeto, odor e rendimento dos óleos extraídos de *Cinnamomum dubium*

Tipo de óleo	Cor/densidade	Odor	Teor percentual de óleo com base no peso seco/ %,v/w
Casca do caule	Amarelado pálido/óleo claro	Agradável aroma floral	0.7 ± 0.05
Folha	Amarelado pálido/óleo claro	Agradável como o gerânio	1.6 ± 0.10
Casca de raiz	Cor menos/óleo pesado	Cânfora	1.8 ± 0.10

5.3.2 Análise cromatográfica em fase gasosa dos óleos essenciais de *Cinnamomum dubium* destilados em laboratório

A Tabela 5.4 mostra a análise cromatográfica em fase gasosa dos óleos essenciais de *C. dubium* obtidos de diferentes partes da planta. Mostra o aparelho utilizado para as extracções de óleo, a coluna utilizada para a análise e os detalhes dos cromatogramas para a análise GC-MS e GC-FID de cada óleo.

Tabela 5.4: Resumo da análise de GC dos óleos *de Cinnamomum dubium*

Óleo essencial	Aparelhos utilizados para a destilação	Coluna	Análise GC-MS Figura Nos.	Análise GC-FID Figura Nos.
Óleo de casca de tronco	Aparelho de Clevenger (braço de óleo leve)	Cera DB	5.3	5.4
Óleo de folhas	Aparelho de Clevenger (braço de óleo leve)	Cera DB	5.5	5.6

Óleo da casca da raiz	Aparelho de Clevenger (braço de óleo leve)	Cera DB	5.7	5.8

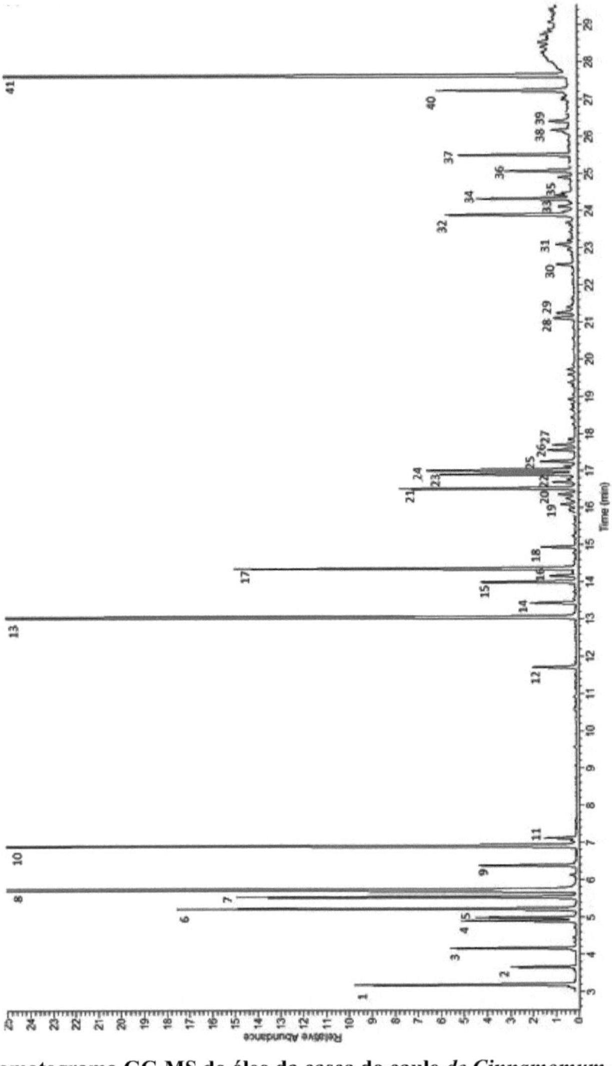

Fig 5.3. Cromatograma GC-MS do óleo da casca do caule *de Cinnamomum dubium* na coluna DB-Wax

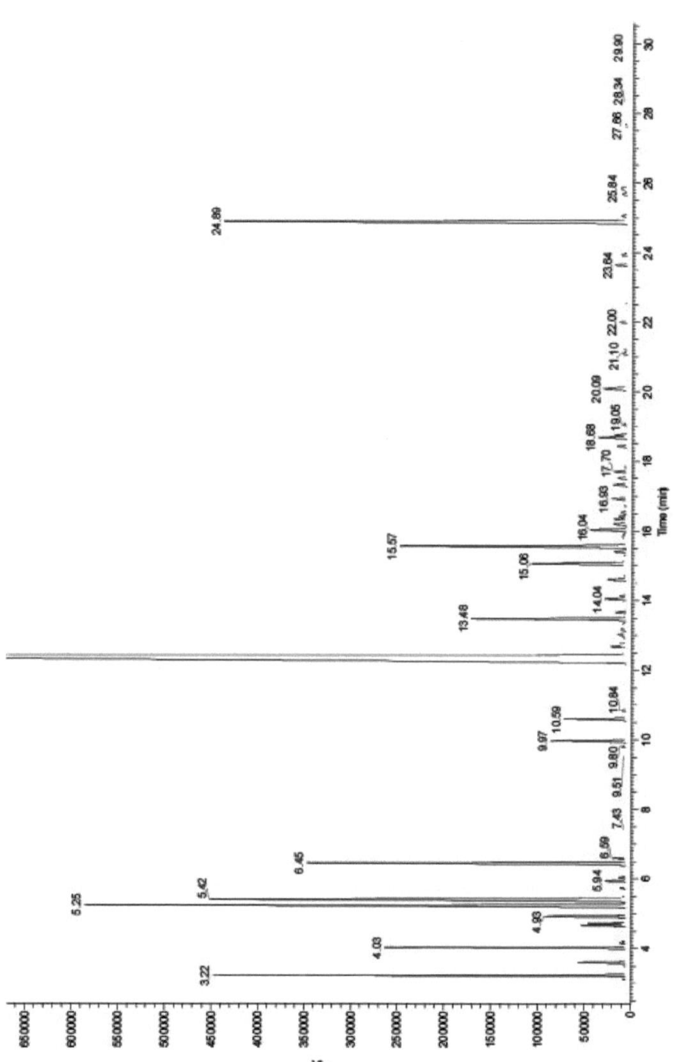

Fig. 5.4. Cromatograma GC-FID do óleo da casca do caule *de Cinnamomum dubium* na coluna DB-Wax

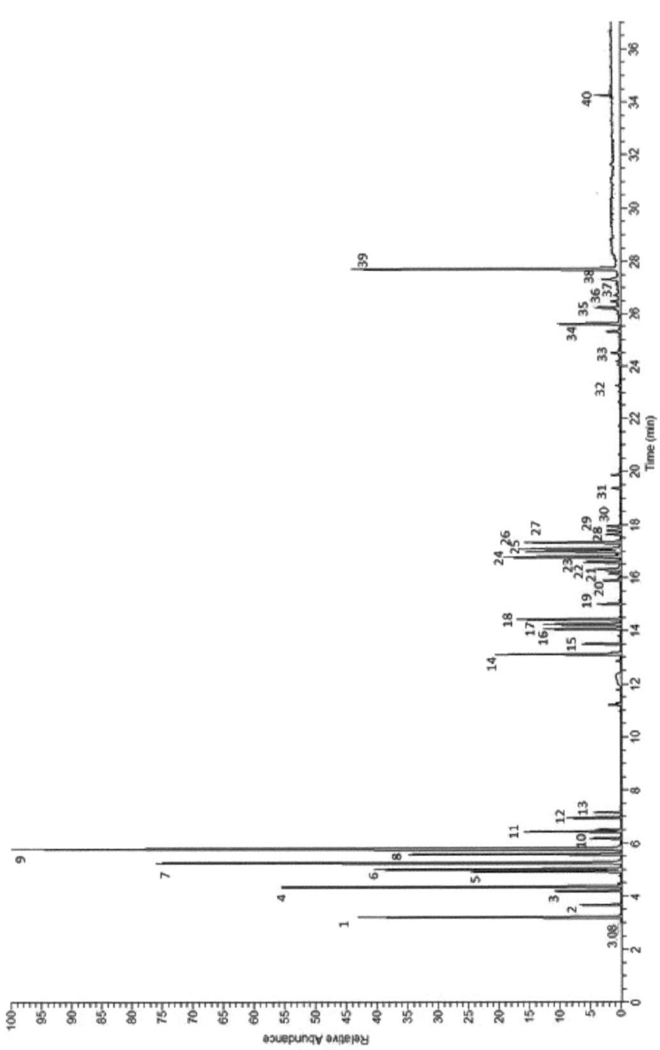

Fig. 5.5. Cromatograma GC-MS do óleo de folhas de *Cinnamonuim dubium* na coluna DB-Wax

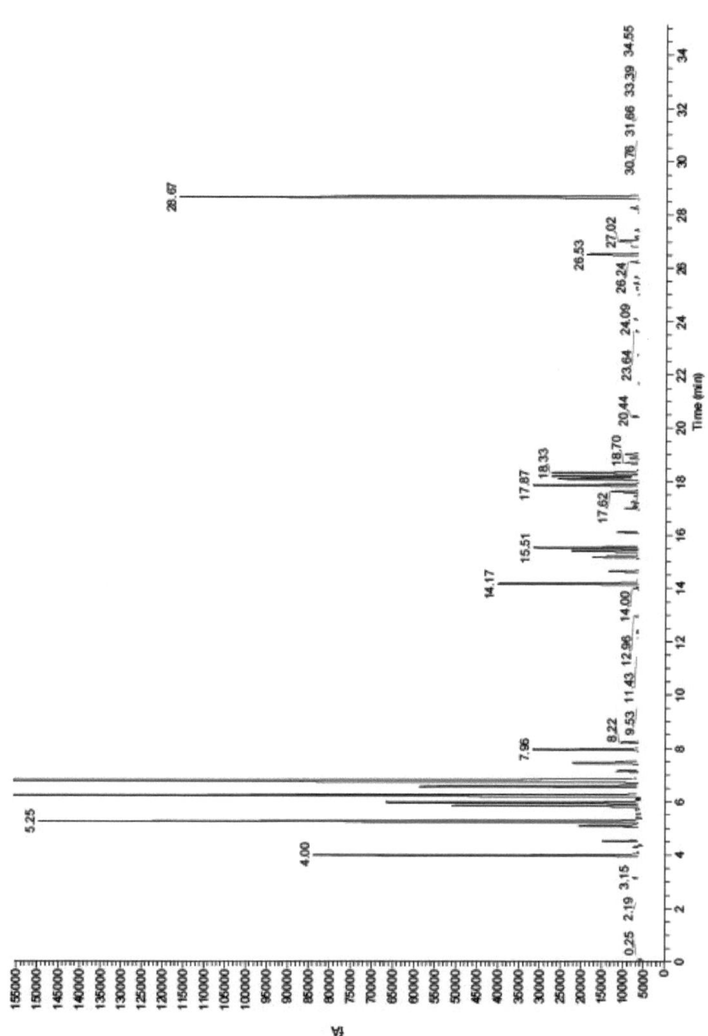

Fig. 5.6. Cromatograma GC-FID do óleo de folhas de *Cinnamomum dubium* na coluna DB-Wax

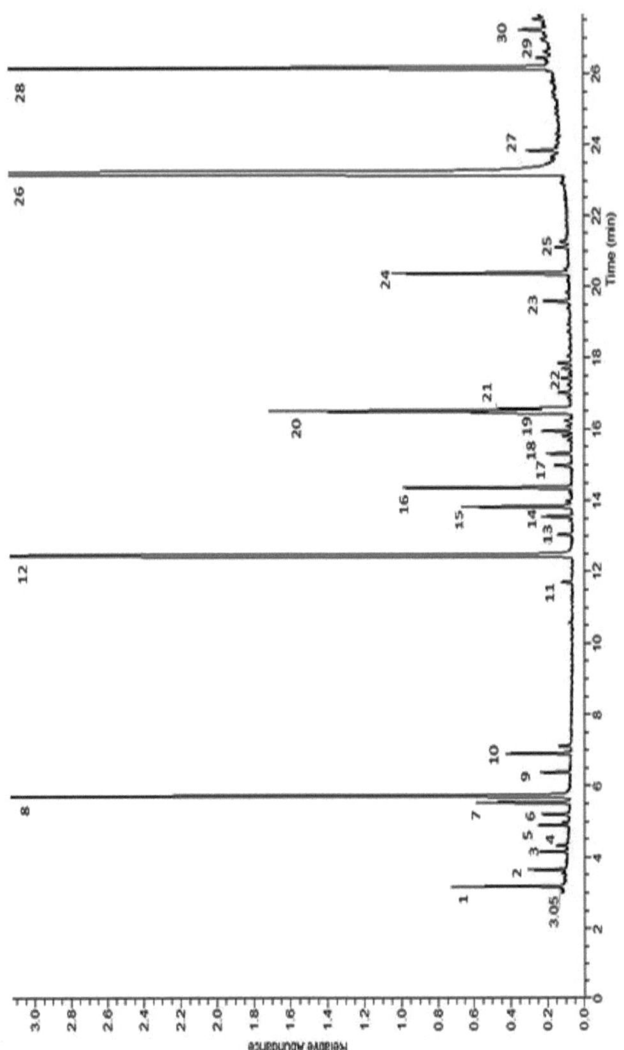

Fig 5.7. Cromatograma GC-MS do óleo da casca da raiz de *Cinnamomum dubium* na coluna DB-Wax

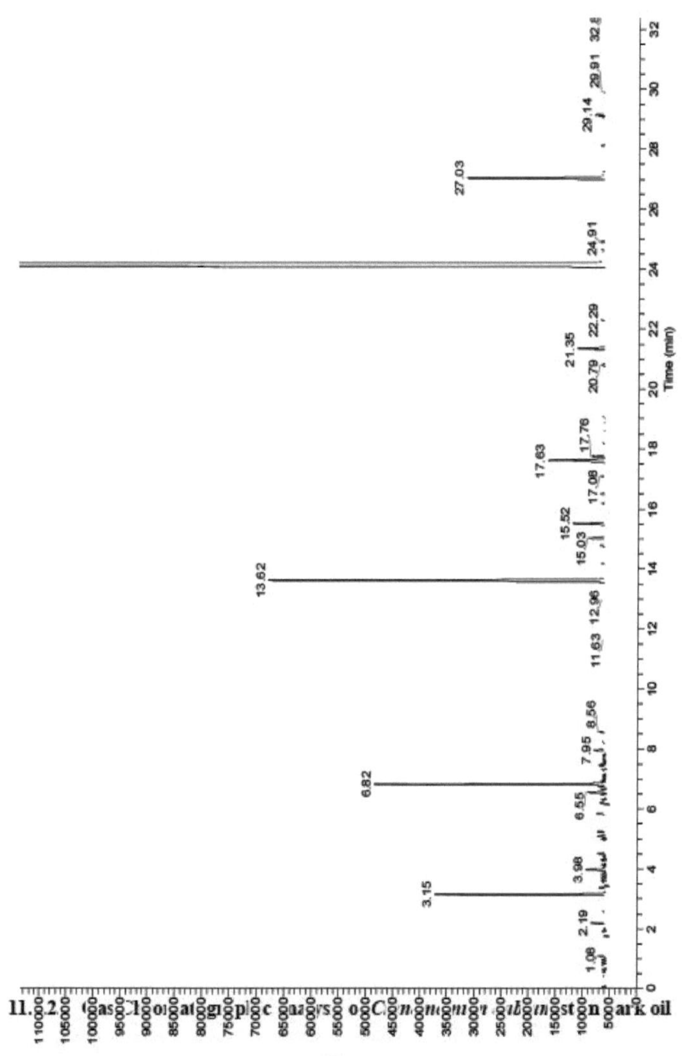

Fig. 5.8. Cromatograma GC-FID do óleo da casca da raiz de *Cinnamomum dubium* na coluna DB-Wax

A Tabela 5.5 mostra os constituintes químicos do óleo da casca do caule *de C. dubium.* Cada componente químico da amostra foi identificado por análise GC-MS e os constituintes químicos selecionados foram confirmados por injeção de padrões analíticos em GC-MS (denotados como GC-MS* na Tabela 5.5). Os componentes químicos no cromatograma GC-FID (Figura 5.4) foram atribuídos por comparação com o cromatograma GC-MS (Figura 5.3). Posteriormente, a abundância relativa de cada constituinte químico foi obtida a partir dos resultados do GC-FID.

Quadro 5.5: Componentes do óleo da casca do caule de *Cinnamomum dubium*

Número de pico	Componente	RT	Método de identificação	Abundância relativa, %, w/w
1	a-Pineno	3.17	GC-MS*	2.4
2	Camphene	3.65	GC-MS*	0.5
3	P-Pineno	4.15	GC-MS*	1.2
4	P-Mirceno	4.89	GC-MS	1.0
5	a-Phellandrene	4.97	GC-MS	0.9
6	a-Terpineno	5.21	GC-MS	3.9
7	D-Limoneno	5.53	GC-MS*	3.4
8	P- Felandreno	5.73	GC-MS*	24.7
9	Y-Terpineno	6.38	GC-MS*	1.0
10	p-Cimeno	6.91	GC-MS	8.9
11	Terpinoleno	7.12	GC-MS*	0.3
12	a-copaeno	11.71	GC-MS	0.5
13	Linalol	13.05	GC-MS	13.7
14	Desconhecido	13.44	-	0.5
15	в-Elemene	14.00	GC-MS	1.2
16	P-cariofileno	14.17	GC-MS	0.3
17	Terpinen-4-ol	14.37	GC-MS	4.3
18	cis-p-Mentil-2-eno-1 -ol	14.94	GC-MS	0.4
19	E-Piperitol	16.08	GC-MS*	0.2
20	Desconhecido	16.35	-	0.2
21	a-Terpineol	16.51	GC-MS	2.2
22	D-Germacreno	16.69	GC-MS	0.3
23	в-Selineno	16.90	GC-MS	1.7
24	a-Selineno	17.01	GC-MS*	1.9
25	Piperitona	17.26	GC-MS	0.7
26	trans-Piperitol	17.56	GC-MS	0.3
27	5-Cadineno	17.70	GC-MS	0.3
28	Desconhecido	21.11	-	0.3
29	Miristaldeído	21.26	GC-MS	0.2
N.º de pico	**Componente**	**RT**	**Método de identificação**	**Abundância relativa, %, w/w**
30	Óxido de cariofileno	22.55	GC-MS*	0.2
31	Epiglobulol	23.09	GC-MS	0.3
32	Álcool de cariofeleno	23.89	GC-MS/ NMR	1.9
33	Desconhecido	24.11	-	0.2
34	(-)-Globulol	24.32	GC-MS	1.2
35	Desconhecido	24.42	-	0.3
36	Rosifoliol	25.07	GC-MS	0.9
37	Humulano -1,6-dien-3 -ol	25.50	GC-MS	1.4
38	Eugenol	26.16	GC-MS*	0.3
39	a-epi-Muurolol	26.40	GC-MS	0.3
40	Elemicina	27.23	GC-MS	1.8
41	Selina-11-en-4a-ol	27.63	GC-MS/ NMR	10.8

RT = Tempo de retenção na análise GC-MS; tr = vestígios (< 0,1%); - = não detectado;
GC-MS - Análise espectroscópica de massa por cromatografia gasosa
GC-MS* - Confirmação do constituinte químico por GC-MS com um padrão analítico
NMR- Espectroscopia de Ressonância Magnética Nuclear

5.3.2.2 Análise cromatográfica em fase gasosa do óleo de folhas de *Cinnamomum dubium*

A Tabela 5.6 mostra os constituintes químicos do óleo de folhas de *C. dubium*. Cada componente químico da amostra foi identificado por análise GC-MS e os constituintes químicos selecionados foram confirmados por injeção de padrões analíticos em GC-MS (denotados como GC-MS* na Tabela 5.6). Os componentes químicos no cromatograma GC-FID (Figura 5.6) foram atribuídos por comparação com o cromatograma GC-MS (Figura 5.5). Posteriormente, a abundância relativa de cada constituinte químico foi obtida a partir dos resultados do GC-FID

Quadro 5.6: Constituintes do óleo de folhas de *Cinnamomum dubium*

N.º de pico	Componente	RT	Método de identificação	Abundância relativa, %, w/w
1	a-Pineno	3.16	GC-MS*	3.8
2	Camphene	3.61	GC-MS	0.4
3	P-Pineno	4.12	GC-MS*	0.6
4	Sabineno	4.28	GC-MS	6.4
5	P-Mirceno	4.86	GC-MS	2.2
6	a-Phellandrene	4.94	GC-MS	2.8
7	a-Terpineno	5.18	GC-MS*	15.4
8	D-Limoneno	5.50	GC-MS*	2.8
9	P- Felandreno	5.69	GC-MS	39.9
10	в-trans-Ocimeno	6.10	GC-MS	0.3
11	Y-Terpineno	6.35	GC-MS	0.8
12	p-Cimeno	6.87	GC-MS*	1.3
13	a- Terpinolen	7.09	GC-MS*	0.2
14	Linalol	13.02	GC-MS*	1.8
15	*trans-para-Menth-2-en-1* -ol	13.41	GC-MS	0.4
16	в-Elemene	13.98	GC-MS	0.6
17	P-cariofileno	14.14	GC-MS*	1.0
18	L-terpinen-4-ol	14.33	GC-MS	1.4
19	trans-p-2-Menten-1 -ol	14.91	GC-MS	0.3
20	Humuleno	15.78	GC-MS	0.2
21	trans-Piperitol	16.05	GC-MS	0.1
22	2-Isopropenil-4a,8-dimetil-	16.21	GC-MS	tr
23	a-Terpineol	16.48	GC-MS*	0.4
24	D-Germacreno	16.66	GC-MS	1.6
25	в-Selineno	16.87	GC-MS	1.2
26	a-Selineno	16.98	GC-MS	1.3
27	3-Ciclo-hexeno-1-ona, 2-	17.23	GC-MS	1.2
28	Desconhecido	17.53	-	0.2
29	5-Cadineno	17.68	GC-MS	0.1
30	Desconhecido	17.84	-	0.2
31	(-)-Y-Elemeno	19.26	GC-MS	0.1
32	Metileugenol	23.17	GC-MS*	tr
33	Elemol	24.39	GC-MS	0.1
34	7(11)-Selinen-4a-ol	25.47	GC-MS	0.7
35	Eugenol	26.14	GC-MS*	0.5
36	a-epi-Muurolol	26.37	GC-MS	0.1
37	(-)-Cedreanol	26.60	GC-MS*	tr

38	a-Cadinol	27.20	GC-MS	0.2
39	Selina-11-en-4a-ol	27.60	GC-MS/NMR	6.9
40	Benzoato de benzilo	34.21	GC-MS*	tr

RT = Tempo de retenção na análise GC-MS; tr = vestígios (< 0,1%); - = não detectado;

GC-MS - Análise espectroscópica de massa por cromatografia gasosa

GC-MS* - Confirmação do constituinte químico por GC-MS com um padrão analítico

NMR- Espectroscopia de Ressonância Magnética Nuclear

5.3.2.3 Análise cromatográfica em fase gasosa do óleo da casca da raiz de *Cinnamomum dubium*

A Tabela 5.7 mostra os constituintes químicos do óleo da casca da raiz de *C. dubium*. Cada componente químico da amostra foi identificado por análise GC-MS e os constituintes químicos selecionados foram confirmados por injeção de padrões analíticos em GC-MS (denotados como GC-MS* na Tabela 5.7). Os componentes químicos no cromatograma GC-FID (Figura 5.8) foram atribuídos por comparação com o cromatograma GC-MS (Figura 5.7). Posteriormente, a abundância relativa de cada constituinte químico foi obtida a partir dos resultados do GC-FID.

Quadro 5.7: Constituintes do óleo da casca da raiz de *Cinnamomum dubium*

Número de pico	Componente	RT	Método de identificação	Abundância relativa, %, w/w
1	a-Pineno	3.17	GC-MS*	0.2
2	Camphene	3.65	GC-MS	Tr
3	P-Pineno	4.15	GC-MS*	Tr
4	Sabineno	4.32	GC-MS	Tr
5	P-Mirceno	4.89	GC-MS	Tr
6	a-Terpineno	5.21	GC-MS*	0.2
7	D-Limoneno	5.53	GC-MS*	0.2
8	Eucaliptol	5.72	GC-MS*	2.5
9	Y-Terpineno	6.38	GC-MS*	0.1
10	P-Cimeno	6.91	GC-MS	0.1
11	a-Copaeno	11.70	GC-MS	Tr
12	(+)-Cânfora	12.46	GC-MS	4.3
13	Linalol	13.04	GC-MS*	Tr
14	a-Santaleno	13.55	GC-MS	Tr
15	Acetato de borneol	13.83	GC-MS	0.2
16	Terpinen-4-ol	14.36	GC-MS*	0.4
17	Epi-e-Santalene	14.98	GC-MS	Tr
18	в-Santaleno	15.31	GC-MS	Tr
19	L-a-Terpineol	15.94	GC-MS	Tr
20	(±)-a-Terpineol	16.51	GC-MS	0.8
21	Borneol	16.58	GC-MS	0.2
22	(-)-a-Panasinsen	17.86	GC-MS	Tr
23	Desconhecido	19.58	-	Tr
24	Safrole	20.37	GC-MS	0.3
25	Desconhecido	21.10	-	Tr
26	Metileugenol	23.21	GC-MS*	84.2
27	a-Copaen-11-ol	23.84	GC-MS	Tr
28	Eugenol	26.16	GC-MS*	1.7
Número de pico	**Componente**	**RT**	**Método de identificação**	**Abundância relativa, %, w/w**
29	Metilisoeugenol	26.44	GC-MS	Tr

30	Elemicina	27.23	GC-MS/NMR	0.1

RT = Tempo de retenção na análise GC-MS; tr = vestígios (< 0,1%); - = não detectado;
GC-MS - Análise espectroscópica de massa por cromatografia gasosa
GC-MS* - Confirmação do constituinte químico por GC-MS com um padrão analítico
NMR - Espectroscopia de Ressonância Magnética Nuclear

5.3.3 Comparação dos constituintes químicos dos óleos da casca do caule, das folhas e da casca da raiz de *Cinnamomum dubium*

A Tabela 5.8 mostra a comparação da análise cromatográfica em fase gasosa dos óleos da casca do caule, da folha e da casca da raiz de *Cinnamomum dubium.* O Índice de Retenção de cada composto foi calculado conforme descrito no ponto 2.5.3.3.

Quadro 5.8: Comparação dos constituintes químicos dos óleos da casca do caule, das folhas e da casca da raiz de *Cinnamomum dubium*

ERa	Composto	%, Casca	%, Folha	%, Casca da raiz
1029		2.4	3.8	0.2
1076	Camphene	0.5	0.4	Tr
1118	P-Pineno	1.2	0.6	Tr
1128	Sabineno	-	6.5	Tr
1167	P-Mirceno	1.0	2.2	Tr
1172	a-Phellandrene	0.9	2.9	-
1188	a-Terpineno	3.9	15.4	0.1
1208	D-Limoneno	3.4	2.7	0.2
1218	Eucaliptol	-	-	2.5
1214	P- Felandreno	24.7	39.9	-
1239	в-trans-Ocimeno	-	0.2	-
1252	Y-Terpineno	1.0	0.8	0.1
1280	p-Cimeno	8.8	1.3	0.1
1489	(+)-Cânfora	-	-	4.3
1289.8	a-Terpinoleno	0.3	0.2	-
1496	a-copaeno	0.5	-	Tr
1555	в-Linalol	13.7	1.8	Tr
1571	trans-para-Menth-2-en-1 -ol	-	0.4	-
-	Desconhecido	0.5	-	-
1580	a-Santaleno	-	-	Tr
1585	Borneol, acetato	-	-	0.2
1595	в-Elemene	1.1	0.6	-
1603	P-cariofileno	0.3	1.0	-
1612	Terpinen-4-ol	4.3	1.4	0.4
1637	cis-p-Menth-2-ene-1-ol	0.4	0.3	-
1680	epi-e-Santalene	-	-	Tr
1719.2	в-Santaleno	-	-	Tr
1676	Humuleno	-	0.2	-
1681.7	trans-Piperitol	0.2	0.1	-
-	Desconhecido	0.2	-	-
1706	a-Terpineol	2.2	0.4	0.8
1706.8	D-Germacreno	0.3	1.6	-
1710	(+)-Borneol	-	-	0.2
1719.2	в-Selineno	1.7	1.2	-
1720	a-Selineno	1.9	1.3	-
1741	Piperitona	0.7	-	-
1755	trans-Piperitol	0.3	-	-
1761	S-Cadineno	0.3	0.1	-

1833	Safrole	-	-	0.3
-	Desconhecido	0.3	-	Tr
1924.3	Miristaldeído	0.2	-	-
1995.5	Óxido de cariofileno	0.2	-	-
2015.5	Epiglobulol	0.3	-	-
2021.2	Metileugenol	-	Tr	84.2
2054.4	a-Copaen-11-ol	-	-	Tr
2057	Álcool de cariofeleno	1.9	-	-
-	Desconhecido	0.2	-	-
2079.8	(-)-Globulol	1.2	-	-
2085	Elemol		0.2	-
-	Desconhecido	0.3	-	-
2118.8	Rosifoliol	0.8	-	-
2141.9	Humulano-1,6-dieno-3 -ol	1.4	-	-
2184.9	Eugenol	0.3	0.5	1.6
2190.3	a-epi-Muurolol	0.3	0.1	-
2214	Metilisoeugenol	-	-	Tr
2230	(-)-Cedreanol	-	Tr	-
2241	a-Cadinol	-	0.2	-
2236.5	Elemicina	1.8	ND	0.1
2259	Selina-6-en-4a-ol	10.8	6.9	-
2647.8	Benzoato de benzilo	-	Tr	-

RI = Índice de Retenção; Tr=Traços (<0,1%); tempo na análise GC-MS; tr = traços (<0,1%); - = não detectado

5.3.4 Comparação dos constituintes químicos de cinco (5) amostras de óleos de folhas de *Cinnamomum dubium* de diferentes maturidades

A Tabela 5.9 mostra a comparação dos constituintes químicos do óleo de folhas de *C. dubium* em cinco plantas diferentes com diferentes estágios de maturidade (Tabela 5.2). Cada componente químico da amostra foi identificado por análise GC-MS.

Quadro 5.9: Comparação da composição química dos óleos de folhas de *Cinnamomum dubium* obtidos
de diferentes níveis de maturidade

RI	Composto	%, CNDB 1	%, CNDB 2	%, CNDB 3	%, CNDB 4	%, CNDB 5
1029	a-Pineno	Tr	0.8	1.6	Tr	2.2
1076	Camphene	Tr	0.3	0.6	Tr	0.3
1118	в-Pineno	Tr	0.7	1.4	Tr	0.5
1128	Sabineno	-	-	-	0.4	4.4
1167	в-Mirceno	-	-	-	Tr	1.3
1172	a-Phellandrene	-	-	-	-	1.8
1188	a-Terpineno	-	-	-	-	8.4
1208	D-Limoneno	Tr	0.8	1.6	1.3	3.0
1214	P-Phellandrene	Tr	-	-	Tr	30.6
1239	trans-в-Ocimeno	-	-	-	-	0.2
1252	Y-Terpineno	-	-	-	-	0.6
1280	p-Cimeno	Tr	-	-	4.6	4.3
1289.8	Terpinoleno	-	-	-	-	0.2
1447.6	*óxido de cis-linalol*	-	-	-	0.7	-
1466.2	hidrato *de cis-sabineno*	-	-	-	0.5	-
1472.7	óxido *de trans-linalol*	-	-	-	0.7	-
1496	a-Copaeno	0.7	0.5	0.2	Tr	0.1
1531.5	*cis-Muurola-4*(15),5-		0.3	0.1	-	0.1

	dieno					
1555	P-Linalol	0.1	2.7	5.7	8.7	3.0
1562.9	cis-2-p-Menten-1 -ol	-	-		0.6	0.8
1595	ʙ-Elemene	5.6	3.7	2.9	1.0	1.6
1603	P-cariofileno	0.8	0.8	1.0	-	1.9
1612	Terpinen-4-ol	-	-	0.1	2.9	2.7
1634.5	Y-Elemene	0.5	0.2	-	0.6	0.6
1661.5	Humuleno	0.5	0.5	0.4	-	0.4
1679.6	Naftaleno, 1,2,3,4,4a,5,6,7- octa-hidro-4a,8- dimetil-2-(1- metiletenil)-	0.8	0.4	0.4	0.4	0.1
1706	a-Terpineol	-	-	0.6	1.4	0.7
1706.8	Germacreno D	2.2	1.8	6.3	-	2.1
1719.2	ʙ-Selineno	9.7	7.5	5.1	2.3	2.7
1720	a-Selineno	11.3	8.2	5.3	0.7	2.9
1723.3	Isómero de elemeno	1.9	0.1	0.3	3.7	2.6
1744.7	Cadina-1(10),4-dieno	1.2	0.5	0.6	0.3	0.6
1752.1	ʙ-Elemene	1.3	1.5	0.8	-	0.4
1772.6	Cumaldeído	-	-	-	1.7	-
1816.7	Germacreno B	5.2	3.5	-	-	0.2
1883.8	Epicubebol	0.1	0.4	0.3	-	0.4
-	Desconhecido	-	-	-	0.9	-
1936.6	Cubebol	0.2	0.5	0.4		-
RI	**Composto**	**%, CNDB 1**	**%, CNDB 2**	**%, CNDB 3**	**%, CNDB 4**	**%, CNDB 5**
1946	trans-3,7-Dimethyl-1,5-octadien-3,7-diol	-	-		0.2	-
1995.5	Óxido de cariofileno	-	0.2	0.1	1.0	0.1
2021.2	Metileugenol	0.2	1.3	0.3	0.1	0.1
2049.2	Cubenol	0.4	tr	0.2	-	-
2058.5	Epicubenol	0.3	0.2	0.2	-	-
2085	Elemol	1.1	0.6	0.8	0.6	0.1
-	Desconhecido	1.1	1.3	1.4	-	-
2117.2	Spathulenol	0.6	-	-	-	-
2128.5	Neointermedeo	4.5	5.8	5.5	3.8	1.6
2131.2	a-epi-Muurolol	0.5	0.2	-	-	-
2184.9	Eugenol	0.2	1.1	0.7	-	-
-	Desconhecido	0.1	-	-	1.8	-
-	Desconhecido	-	-	-	0.8	-
-	Desconhecido	-	Tr	0.2	0.3	0.1
2241	a-Cadinol	1.2	0.8	1.6	0.8	0.4
2259	Selina-6-en-4a-ol	41.2	49.1	49.3	35.8	12.5

RI = Índice de retenção; Tr = vestígios (< 0,1%); - = não detectado

1.3.5 Análise por RMN da selina-6-en-4a-ol (fração n.º 12)

O^{1} H- NMR (Apêndice VIII) foi utilizado principalmente para as fracções selecionadas com base nos resultados da TLC. Assim, a fração n.º 12 foi analisada por^{1} H- NMR. O clorofórmio deuterado ($CDCl_3$) foi utilizado como solvente e produziu um singleto a 7,24 ppm. Também o TMS (tetrametilsilano), que foi utilizado como composto de referência, produz um singleto a

0,0 ppm.

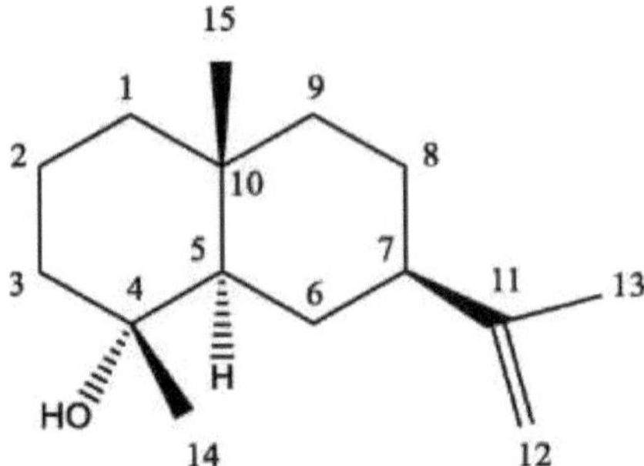

Figura 5.9: Estrutura do composto puro de selina-6-en-4a-ol (Fração n.º 12)

O resumo dos dados de RMN ([1] H-NMR,[13] C-NMR, DEPT e HMBC) da fração n.º 12 é apresentado na Tabela 5.9.

Tabela 5.9: Resumo da análise por RMN da selina-6-en-4a-ol (fração n.º 12)

^{1}H (ppm)		^{13}C (ppm)	DEPARTAMENTO	HMBC
1	1,06 (1H, m)	41.0	CH2	H-2, H-3, H-15
	1,37 (1H, m)			
2	1,53 (1H, m)	20.1	CH2	H-1, H-2, H-3
	1,58 (1H, m)			
3	1,31 (1H, m)	43.3	CH2	H-14
	1,75 (1H, m)			
4	-	72.2	C	H-2, H-3, H-5, H-6, H-14
5	1,23 (1H, m)	54.9	CH	H-7, H-14, H-15
6	1,24 (1H, m)	26.0	CH2	H-5, H-7
7	1,92 (1H, tt, J= 11,2 Hz)	46.3	CH	H-6, H-8, H-9, H-12, H-13
8	1,39 (1H, m)	26.8	CH2	H-6, H-7, H-9
	1,51 (1H, m)			
9	1,17 (1H, m)	44.6	CH2	H-5, H-7, H-15
	1,44 (1H, m)			
10	-	34.6	C	H-1, H-5, H-8, H-9, H-15
11	-	150.6	C	H-7, H-13
12	4,60 (2H, d, J = 8,0 Hz)	108.1	CH2	H-7, H-13
13	1,73 (3H, s)	21.0	CH3	H-7, H-9
14	1,09 (3H, s)	22.7	CH3	H-1, H-5
15	0,86 (3H, s)	18.7	CH3	H-5, H-9
500 M	[Hz RMN em CDCl3 em relação a CDC	13: ^{1}H; 7,24 ppm, ^{13} C; 77,0 ppm		

Tabela 5.10: Comparação dos parâmetros físico-químicos dos óleos *de Cinnamomum dubium*

Caraterísticas	Fonte		
	Óleo de casca de tronco	Óleo de folhas	Óleo de casca de raiz

Densidade específica a 25 C°	0.9760	0.9880	1.0450
Índice de refração a 25 C°	1.5756	1.5150	1.5870
Rotação ótica a 25 C°	+0.50	-16.00	5.60
Solubilidade em etanol a 70%	2 volumes de etanol a 70% em 1 volume de amostra		

5.3.6 Parâmetros físico-químicos dos óleos

O quadro 5.10 apresenta algumas das propriedades físico-químicas dos óleos da casca do caule, da folha e da casca da raiz de *C. dubium* Nees. A análise foi efectuada como descrito em 2.5.6.

5.4 Discussão

5.4.1 Óleo da casca do caule *de Cinnamomum dubium*

O óleo essencial isolado da casca do caule de *C. dubium* era um óleo amarelado pálido, mais leve do que a água, com um aroma intenso, termpínico e floral agradável. O rendimento do óleo da casca do caule foi de 0,7 ±0,05% (v/w) com base no peso seco.

O presente estudo foi a primeira análise abrangente por GC-MS do óleo da casca do caule de *C. dubium*. Entre os três óleos essenciais, o óleo da casca do caule contém o maior número de componentes, que é quarenta e um (Figura 5.3), dos quais trinta e seis componentes foram identificados utilizando GC-MS (Quadro 5.5). O presente estudo mostra que o óleo da casca do caule contém 0- felandreno (24,7%), linalol (13,7%) e selina-11-en-4a-ol (10,8%) como compostos principais.

Os resultados de GC-MS do óleo da casca do caule foram comparados com os de estudos anteriores. No entanto, os resultados do presente estudo sobre o óleo da casca do caule de *C. dubium* não coincidem com a análise cromatográfica em fase gasosa do estudo recente sobre o óleo da casca do caule de *C. dubium* efectuado por Liyanage et al. (2017). De acordo com o estudo recente, o óleo da casca do caule contém cariofeleno (41,3%), álcool cinamílico (8,6%), aldeído hidrocinâmico (7,7%) e eugenol (5,0%) como os principais compostos. No entanto, de acordo com o presente estudo, nenhum destes compostos está presente no óleo da casca do caule como os compostos principais. Além disso, Sritharan (1984) analisou o óleo da casca do caule de *C. dubium* por cromatografia de camada fina (TLC) e concluiu que o linalol é o composto principal (Quadro 5.1). Por conseguinte, o presente estudo confirma o estudo de Sritharan que mostra o linalol como um dos principais ingredientes no óleo da casca do caule de *C. dubium*. No entanto, o estudo de Sritharan não utiliza os marcadores 0- phellandrene e selin-11-en-4a-ol para a análise TLC.

5.4.2 Óleo de folhas de *Cinnamomum dubium*

O óleo essencial isolado das folhas de *C. dubium* era um óleo amarelado pálido, mais leve do que a água, com um aroma intenso a gerânio. O rendimento do óleo foi de 1,6±0,10% (v/w) com base no peso seco do óleo das folhas. Além disso, o rendimento em óleo é superior ao do estudo recente efectuado por Liyanage et al., que é de 0,86% em base seca. O rendimento em óleo do material vegetal depende totalmente da maturidade e das condições ambientais.

No presente estudo, foram detectados quarenta compostos no óleo essencial da folha (Figura 5.5) e, destes, trinta e oito compostos foram identificados por GC-MS (Tabela 5.6). Além disso, mostra que o óleo da folha contém P- felandreno (39,9%), a-terpineno (15,4%) e selina-11-en-4a-ol (6,9%) como os compostos principais. No entanto, um estudo recente de Liyanage et al. sobre cromatografia gasosa mostra que o óleo da folha contém geraniol (24,05%), álcool cinamílico (15,65%) e eugenol (9,17%) como compostos principais, que são compostos totalmente diferentes dos do presente estudo. Além disso, o estudo efectuado sobre o óleo essencial da folha de *C. dubium* por Sritharan (1984), provou que contém uma quantidade elevada de a- terpineol e quantidades moderadas de linalol e um composto desconhecido. Por conseguinte, os resultados obtidos no estudo de Sritharan também não são compatíveis com os resultados do presente estudo.

5.4.3 Óleo da casca da raiz de *Cinnamomum dubium*

O teor de óleo do óleo da casca da raiz de *C. dubium* foi investigado pela primeira vez e provou que o teor de óleo da casca da raiz é de 1,8±0,10% com base no peso seco. Isto mostra que o óleo da casca da raiz contém um tipo totalmente diferente de componentes principais em comparação com os óleos da casca da folha e do caule. De acordo com o presente estudo, o componente principal do óleo da casca da raiz é o metil-eugenol (84,2%). No entanto, o estudo anterior efectuado por Sritharan *etal.* (1984), mostra que a impressão digital TLC do óleo do caule da raiz (Tabela 5.1) mostra a-terpineol e que está em quantidade moderada. Por conseguinte, os resultados de GC-MS e TLC são contraditórios entre si.

5.4.4 Elucidação da estrutura do selin-6-en-4a-ol

Os espectros^{13} C-NMR (Apêndice IX), DEPT 90 (Apêndice X) e DEPT 135 (Apêndice XI) da fração 12 revelaram 15 sinais, que podem ser atribuídos a três -CH3. sete -CH2, dois -CH e três átomos de carbono quaternários. O espetro ^{13}C-NMR mostrou sinais que variam de 18,7 - 44,6 ppm para os grupos metil e metileno no anel (Figura 5.10b). Além disso, os carbonos adjacentes de dois anéis de ciclo-hexano, 5 e 10, apareceram a 54,9 e 34,6 ppm, respetivamente. O carbono terminal do grupo metileno não cíclico 12 apareceu a 108,1 ppm, enquanto o carbono metileno relacionado 11 apareceu na região mais a jusante, a 150,6 ppm. O carbono 4, ligado ao grupo hidroxilo, aparece a 72,2 ppm. Além disso, o carbono terciário 7, no anel ciclo-hexénico, apareceu a 46,3 ppm.

Do mesmo modo, o espetro de^{1} H-NMR indicou um sinal duplo mais a jusante, a 4,60 ppm, para os protões terminais do etileno identificados como 12 (Figura 5.10a). O grupo metilo 13 apareceu a 1,73 ppm, enquanto os outros dois grupos metilo, incluindo 14 e 15, apareceram numa região relativamente acima do campo a 1,09 e 0,86 ppm, respetivamente.

O HMBC foi utilizado para identificar a correlação entre carbonos e protões que estão separados por ligações múltiplas, que são amplamente utilizadas para identificar carbonos quaternários. Por conseguinte, os carbonos 4, 10 e 11 foram atribuídos por interações HMBC com protões relevantes, de acordo com a Tabela 5.9. O carbono 4 é atribuído por interações HMBC com os protões 2, 3, 5, 6 e 14; o carbono 10 por interação com os protões 1, 5, 8, 9 e 15; e o carbono 12 por interações com os protões 7 e 13 (Figura 5.11).

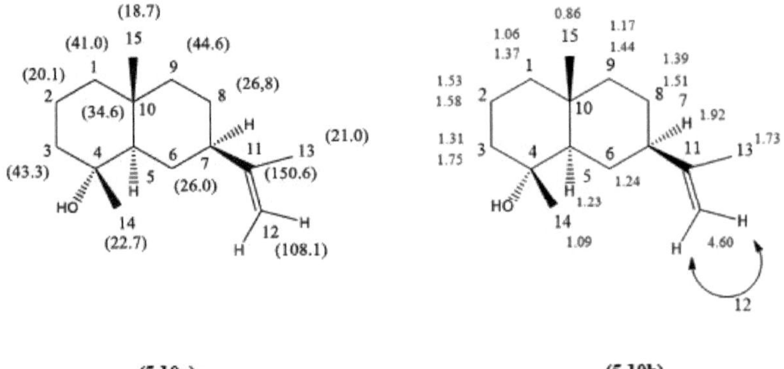

Figura 5.10: (a) Estrutura química do selin-6-en-4a-ol ilustrando as atribuições^{13} C obtidas a partir do espetro^{13} C-NMR. (b) Estrutura química da selina-6-en-4a-ol,

ilustrando as atribuições de 1H-NMR.

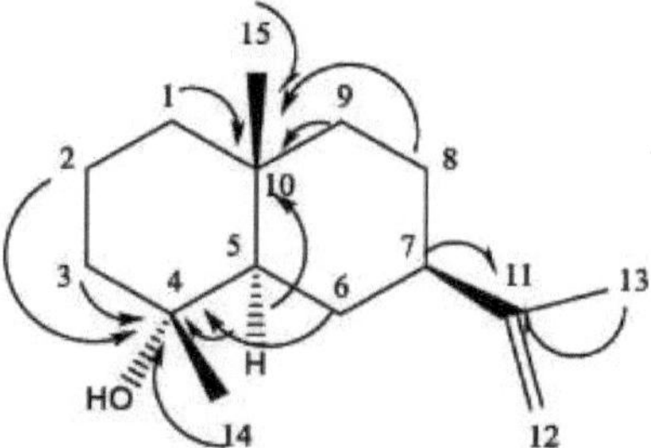

Figura 5.11: Estrutura química do selin-6-en-4a-ol representando a atribuição HMBC.

[1]A correlação H-[1] H COSY (Apêndice XIII) mostra a correlação entre hidrogénios que estão acoplados entre si a uma distância de ligação de 2 -3. De acordo com as correlações COSY na Figura 5.12, os hidrogénios dos carbonos 15 e 9 interagem entre si, os hidrogénios dos carbonos 7, 12 e 13 interagem entre si e os hidrogénios ligados aos carbonos 1,2 e 3 estão correlacionados entre si.

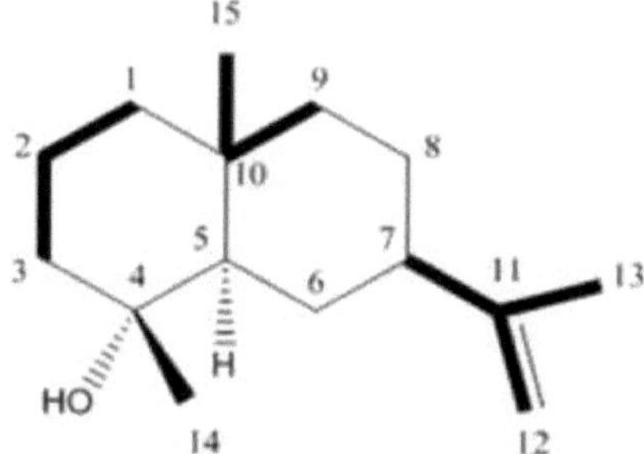

Figura 5.12: Estrutura química do Selin-6-en-4a-ol representando a atribuição H-[1] H COSY.

A correlação NOESY (Apêndice XIV) mostra que os hidrogénios do carbono 14 interagem com os hidrogénios do carbono 2. Também os hidrogénios ligados ao carbono 3 interagem com os hidrogénios ligados ao carbono 1. Por conseguinte, os hidrogénios ligados aos carbonos 1, 2, 3, 14 e 15 interagem entre si (Figura 5.13).

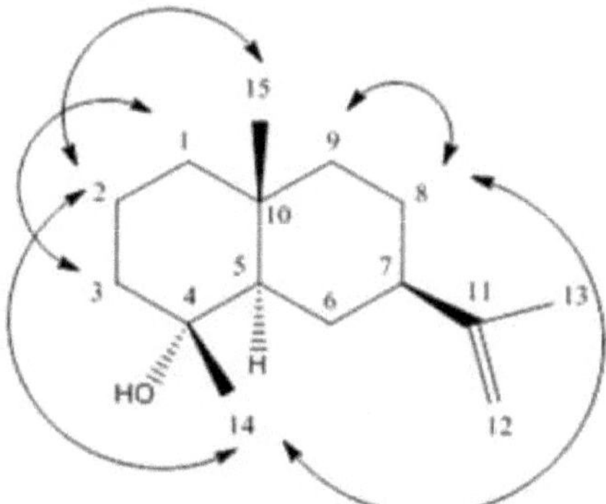

Figura 5.13: Estrutura química do selm-6-en-4a-ol representando a atribuição NOESY.

Com base na análise por RMN, incluindo[1] H-NMR,[13] C-NMR, DEPT, H-[11] H COSY, HMBC e

NOESY, a estrutura química da fração 12 foi confirmada como selina-6-en-4a-ol.

Referências

Fujita, S.I. 1986. Contribuições diversas para os óleos essenciais de plantas de vários territórios. XLVII. Sobre os componentes dos óleos essenciais de *Cinnamomum sieboldii* Meisn. (Em japonês). *Yakgaku-Zasshi.* 106(1): 17-21.

IUCN Sri Lanka, (2000). The 1999 list of threatened fauna and flora of Sri Lanka, Colombo, Sri Lanka.

Kumarathilake, D.M.H.C., Senanayake, S.G.J.N., Wijesekara, G.A.W., Wijesundera, D.S.A., Ranawaka, R.A.A.K. (2010). Avaliações do risco de extinção ao nível das espécies: National Red List Status of Endemic Wild Cinnamon Species in Sri Lanka, *Tropical Agriculture Research Vol. 21 (3):* 247- 257.

Liyanage, T., Madhujith, T., Wijesinghe, K.G.G. (2017), Estudo comparativo sobre os principais constituintes químicos no óleo volátil de canela verdadeira (Cinnamomum verum Presl. syn. C. zeylanicum Blum.) e cinco espécies de canela selvagem cultivadas no Sri Lanka. *Tropical Agriculture Research Vol. 28 (3):* 270- 280.

Sritharan, R. (1984). The study of genus Cinnamon, M.Phil. thesis, PGIA, Peradeniya, Sri Lanka.

CAPÍTULO 6

Óleos essenciais de *Cinnamomum sinharajense* Kostermans (Sin: Sinharaja Kurundu)

6.1 Introdução

A Cinnamomum sinharajense Kostermans (Sin: Sinharaja Kurundu) é uma das espécies de canela endémica do Sri Lanka, entre sete espécies de *Cinnamomum* endémicas, que foi descrita pela primeira vez por Kostermans. É uma das espécies endémicas de canela que se limita à Reserva Florestal de Sinharaja. De acordo com o último estudo ecogeográfico efectuado por Kumarathilake et. al (2010), concluiu-se que *a C. sinharajense* é uma espécie muito rara e que se encontra apenas na Reserva Florestal de Sinharaja (Figura 6.1). Além disso, o estudo prova que o valor médio de pontuação na Lista Vermelha (ARLSV) para *C. sinharajense* foi de 3,625 e foi considerada uma espécie ameaçada (T).

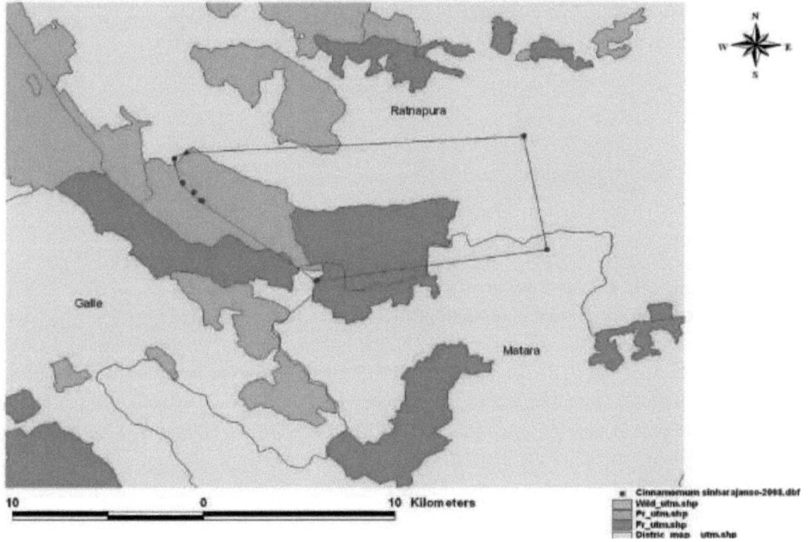

(Kumarathilake et. al, 2010)

Figura 6.1: Mapa de distribuição de *Cinnamomum sinharajense* no Sri Lanka

Além disso, de acordo com a Lista Vermelha Nacional do Sri Lanka, publicada em 2012, *C. sinharajaense* foi designada como espécie ameaçada (IUCN Sri Lanka, 2012). Além disso, *a C. sinharajaense* corre um risco elevado de se tornar uma espécie altamente ameaçada no futuro devido à limitação da população a uma pequena área florestal, às baixas taxas de sobrevivência em zonas húmidas de baixa altitude e à baixa adaptabilidade a diferentes condições climáticas.

A C. sinharajanse é uma árvore grande que cresce até cerca de 20 a 30 pés de altura. Cresce principalmente à sombra. As folhas são opostas ou subopostas, de ápice ovalado a, base elíptica, base arredondada, lâmina coriácea, glabra, oval a lanceolada, de 8 a 19 cm de comprimento. O pecíolo é espesso, plano na superfície superior e tem 1,7 cm de comprimento. Três nervuras principais partem da base, a nervura central é proeminente, a reticulação é proeminente na superfície superior e inferior. O folheto é verde pálido e parcialmente vermelho mate. Não estão presentes galhas nas folhas. A folha de *C. sinharajanse* é também maior do que a folha de outras espécies endémicas de canela (Figura 6.2). A época de floração é de março a abril. A casca é lisa e de cor castanha e é fácil de descascar. As folhas de *C. sinharajanse* têm um cheiro ligeiramente desagradável a folhas e a casca tem um cheiro agradável distinto.

Figura 6.2: Folhas de *Cinnamomum sinharajense*

Um estudo recente sobre a análise cromatográfica de gás de *C. sinharajanse* por Liyanage et al. (2017) mostrou que o óleo da folha contém eugenol (87,53%), aldeído cinâmico (2,04%), álcool cinamílico (1,5%) e P-cariofeleno (1,04%) como compostos principais. O mesmo estudo foi efectuado para a composição do óleo da casca de *C. sinharajanse* e registou como compostos principais o aldeído cinâmico (57,46%), o acetato de cinamilo (13,69%) e o P-cariofeleno (4,54%).

Também, as composições químicas dos óleos essenciais de folhas secas, casca do caule e casca da raiz de *C. sinharajanse* foram estudadas por cromatografia de camada fina (TLC) por Sritharan et al (1984). Os resultados da TLC dos óleos da casca do caule, das folhas e da casca da raiz de *C. sinharajanse* são apresentados no quadro 6.1. O óleo da folha de *C.sinharajanse* deu quatro pontos na análise TLC, incluindo um ponto proeminente como eugenol e o linalol foi o próximo ponto proeminente. Para além disso, o a-terpineol e o acetil eugenol apareceram na TLC como manchas menos intensas. Por conseguinte, concluiu-se que o eugenol era o constituinte principal e que o linalol se encontrava em quantidades reduzidas no óleo de folhas de *C. sinharajanse*. Além disso, o linalol e o eugenol foram os principais constituintes do óleo da casca do caule de *C. sinharajanse,* onde apareceram cinco manchas na análise TLC. No entanto, o óleo da casca da raiz não foi analisado neste estudo.

Tabela 6.1: Resultados de TLC dos óleos essenciais de *Cinnamomum sinharajanse*
(Sritharan *et al*, 1984)

Componente químico	Óleo de casca de tronco	Óleo de folhas
Cinamaldeído	++	-
Eugenol	++	++++
Linalol	+	++
a-Terpineol	-	+

Acetil eugenol	-	+
1-8, Cineole	-	-
Desconhecido	+	+

Intensidade do ácido vanilina-sulfúrico sp

++++ = Elevado +++ = Moderado ++ = Baixo + = Vestígio - = Ausente

Os resultados de ambos os estudos sobre *C.sinharajanse*, incluindo o estudo de Liyanage et al. por cromatografia em fase gasosa e a análise TLC de Sritharan et al. são, até certo ponto, coincidentes. Além disso, não foi efectuado nenhum estudo exaustivo sobre *C. sinharajanse* com análise por cromatografia gasosa e espetrometria de massa dos óleos essenciais das folhas, da casca e da raiz para determinar o perfil completo dos constituintes químicos. Por conseguinte, o presente estudo foi efectuado para estabelecer a impressão digital GC-MS da folha, da casca do caule e da casca da raiz de *C. sinharajanse* que se limita à Reserva Florestal de Sinharaja. Para além disso, este é o primeiro estudo de sempre sobre os constituintes químicos do óleo essencial da casca da raiz de *C. sinharajanse.*

12.2 Experimental

12.2.1 Material vegetal

As amostras de casca do caule, folha e casca da raiz de *C. sinharajanse* foram colhidas na Reserva Florestal de Sinharaja, como descrito em 2.1.2. Tal como descrito em 2.1.3, foram atribuídos códigos às amostras recolhidas e foi depositado um exemplar (exemplar n.º SG-SF-1) para cada amostra no Herbário Nacional do Sri Lanka, tendo o Herbário Nacional autenticado o material vegetal como *Cinnamomum sinharajanse* Kostermans. A extração e análise do óleo para os três óleos foram feitas a partir das partes obtidas da mesma planta, que é uma árvore de tamanho médio com cerca de 3 metros de altura.

12.2.2 Extração de óleos essenciais

As amostras selvagens selecionadas *de C. sinharajanse* foram secas ao ar e cortadas em pequenos pedaços, como descrito no ponto 2.2. As amostras de casca, folha e raiz secas ao ar foram submetidas a hidrodestilação com o aparelho Clevenger, como descrito em 2.4.1. Além disso, a análise da humidade do material vegetal foi efectuada com o aparelho Dean and Stark, como descrito em 2.3.1.

12.2.3 Análise de óleos

A análise química dos óleos extraídos das amostras de cascas, folhas e raízes foi efectuada por GC-MS seguida de GC-FID utilizando a coluna DB-Wax e os parâmetros físicos dos óleos foram efectuados por refratómetro, polarímetro e picnómetro, tal como descrito no ponto 2.5.

12.2.3.1 Análise GC-MS

A preparação das amostras para GC-MS foi efectuada como descrito no ponto 2.5.2.1 e a análise GC-MS dos óleos foi efectuada como descrito no ponto 2.5.3.1.

12.2.3.2 Análise GC-FID

A preparação da amostra para GC-FID foi efectuada como descrito no ponto 2.5.2.2 e a análise GC-FID dos óleos foi efectuada como descrito no ponto 2.5.3.2.

12.2.3.3 Identificação e quantificação de compostos

A identificação dos compostos presentes em cada amostra de óleo essencial foi efectuada por GC-MS e por cálculos do índice de retenção de cada pico, tal como descrito em 2.5.3.1 e 2.5.3.3, respetivamente.

12.2.3.4 Análise dos parâmetros físicos

A análise dos parâmetros físicos, incluindo o índice de refração, a rotação ótica, a densidade relativa e a solubilidade em etanol a 70%, foi efectuada como descrito no ponto 2.5.6.

12.3 Resultados

12.3.1 Aspeto, odor e rendimento dos óleos essenciais

A Tabela 6.2 mostra as propriedades gerais dos óleos essenciais obtidos de *C. sinharajanse* (CNSJ), incluindo a cor, o odor e o rendimento de cada óleo.

Quadro 6.2: Aspeto, odor e rendimento dos óleos extraídos de *Cinnamomum sinharajanse*

Tipo de óleo	Cor/densidade	Odor	Teor percentual de óleo com base no peso seco/ %,v/w
Casca do caule	Amarelado pálido/óleo claro	Cheiro agradável	0.2 ± 0.05
Folha	Amarelado pálido/óleo claro	Cheiro desagradável a folhas	0.2 ± 0.05
Casca de raiz	Cor menos/óleo pesado	Tipo cânfora	1.5 ± 0.10

6.3.2 Análise cromatográfica em fase gasosa dos óleos essenciais de *Cinnamomum sinharajanse* destilados em laboratório

A Tabela 6.3 mostra a análise cromatográfica em fase gasosa dos óleos essenciais de *C. sinharajanse* obtidos de diferentes partes da planta. Mostra o aparelho utilizado para as extracções de óleo, a coluna utilizada para a análise e os detalhes dos cromatogramas para a análise GC-MS e GC-FID de cada óleo. Devido ao baixo teor de óleo do óleo da casca do caule e do óleo das folhas, a análise GC-FID não foi efectuada para esses óleos. No entanto, o óleo da casca da raiz foi analisado tanto por GC-FID como por GC-MS.

Quadro 6.3: Análise GC dos óleos de *C. sinharajanse*

Óleo essencial	Aparelhos utilizados para a destilação	Coluna	Análise GC-MS Figura Nos.	Análise GC-FID Figura Nos.
Óleo de casca de tronco	Aparelho de Clevenger (braço de óleo leve)	Cera DB	88	NP*
Óleo de folhas	Aparelho de Clevenger (braço de óleo leve)	Cera DB	89	NP
Óleo da casca da raiz	Aparelho de Clevenger (braço de óleo leve)	Cera DB	90	91

NP* - Não efectuado devido a quantidade insuficiente de amostra (Necessário mais de 0,5 mL de amostra

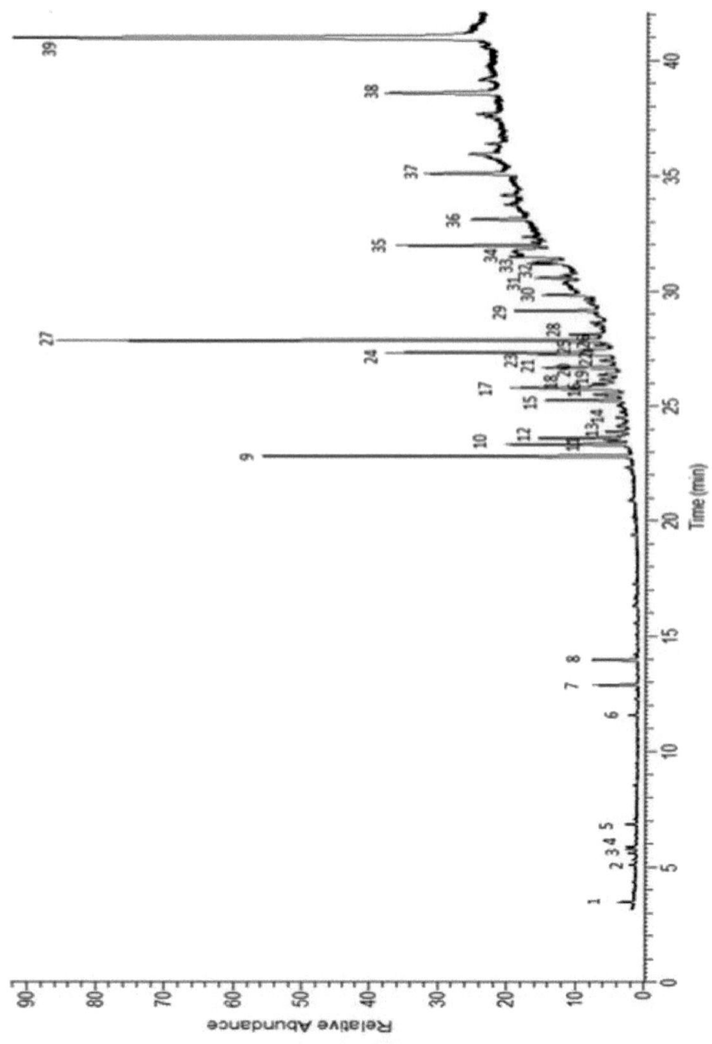

Fig. 6.3. Cromatograma GC-MS do óleo da casca do caule *de Cinnamomum sinharajanse* na coluna DB-Wax

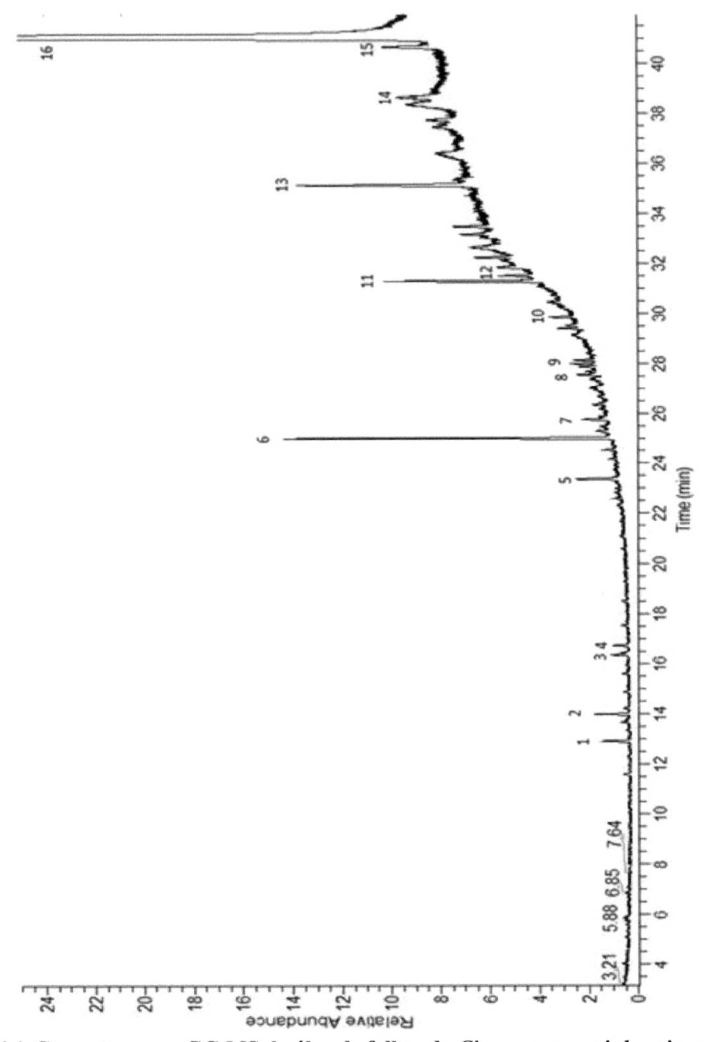

Fig 6.4. Cromatograma GC-MS do óleo de folhas de *Cinnamomum sinharajanse* na coluna DB-Wax

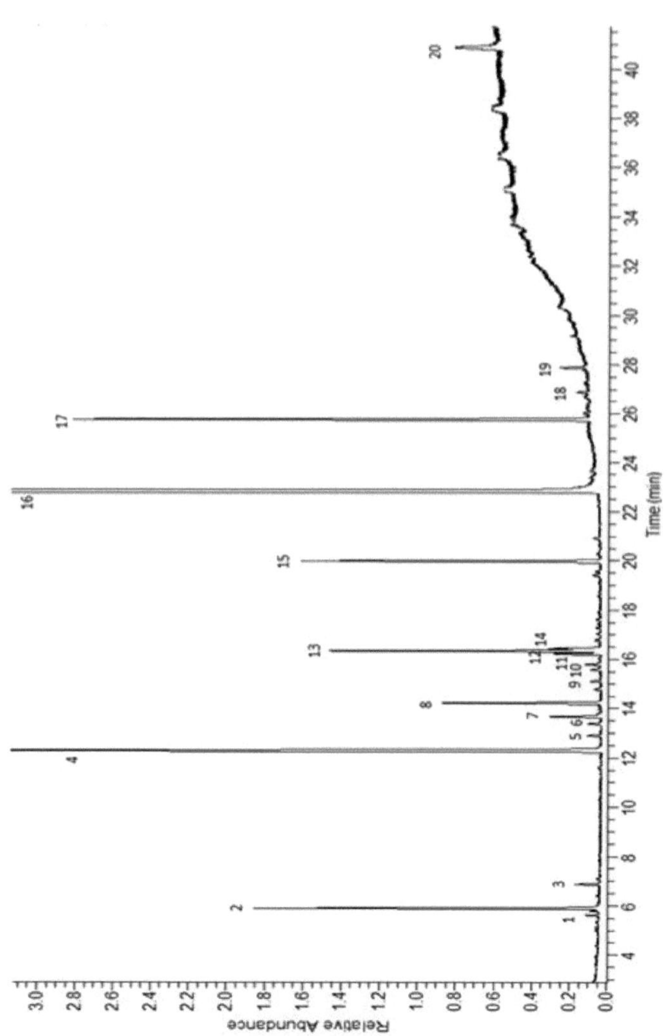

Fig 6.5. Cromatograma GC-MS do óleo da casca da raiz de *Cinnamomum sinharajanse* na coluna DB-Wax

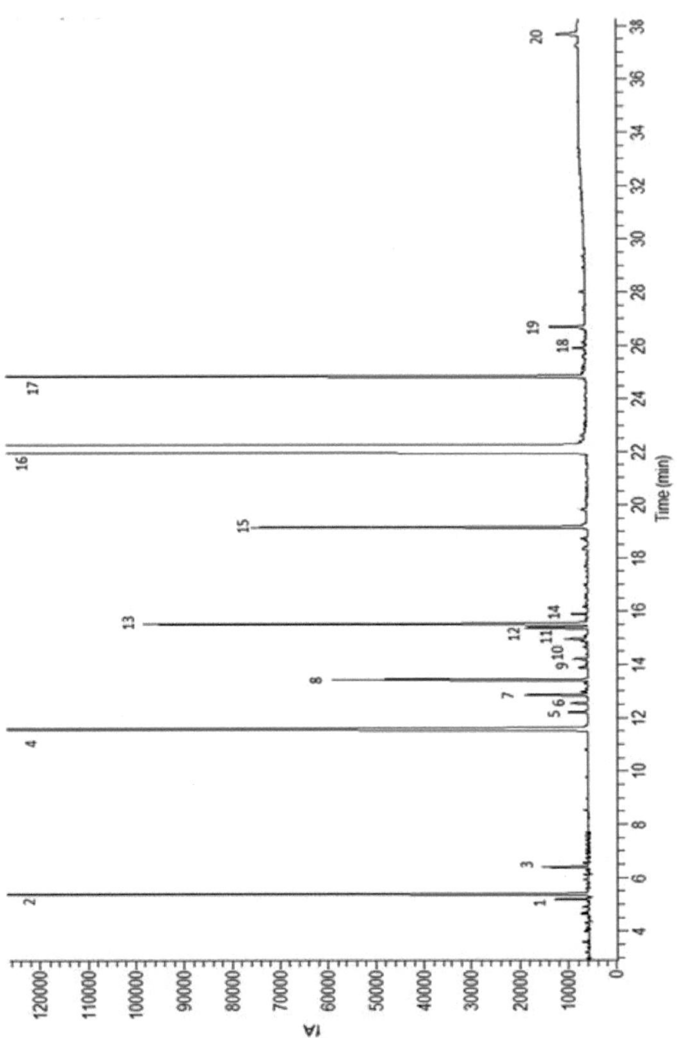

Fig. 6.6. Cromatograma GC-FID do óleo da casca da raiz de *Cinnamomum sinharajanse* na coluna DB-Wax

12.3.2.1 Análise cromatográfica em fase gasosa do óleo da casca do caule *de Cinnamomum sinharajanse*

A Tabela 6.4 mostra os constituintes químicos do óleo da casca do caule *de C. sinharajanse*. Cada componente químico da amostra foi identificado por análise GC-MS (Figura 6.3) e os constituintes químicos selecionados foram ainda confirmados por injeção de padrões analíticos em GC-MS (denotados como GC-MS* na Tabela 6.4). A abundância relativa de cada constituinte químico foi obtida a partir dos resultados da GC-MS.

Tabela 6.4: Constituintes do óleo da casca do caule de *Cinnamomum sinharajanse*

Número de pico	Componente	RT	Método de identificação	Abundância relativa, %, w/w
1	a-Pineno	3.47	GC-MS*	0.1
2	a-Phellandrene	5.09	GC-MS	Tr
3	D-Limoneno	5.60	GC-MS*	Tr
4	1,8-Cineol	5.87	GC-MS*	Tr
5	p-Cimeno	6.85	GC-MS	Tr
6	a-Copaeno	11.57	GC-MS	Tr
7	B-Linalol	12.88	GC-MS*	0.8
8	B-Cariofileno	13.96	GC-MS*	0.9
9	Metil eugenol	22.81	GC-MS*	8.9
10	Dialdeído benzalmalónico	23.36	GC-MS	3.1
11	Desconhecido	23.53	-	0.3
12	a-Copaen-11-ol	23.63	GC-MS	1.9
13	Cubenol	23.90	GC-MS	Tr
14	Globulol	24.15	GC-MS	Tr
15	Isolongifolol	25.26	GC-MS	1.8
16	B-bisabolol	25.52	GC-MS	0.7
17	Desconhecido	25.80	-	4.2
18	Desconhecido	25.96	-	0.3
19	Desconhecido	26.16	-	0.1
20	Heptacosano	26.35	GC-MS	0.4
21	a-Bisabolol	26.70	GC-MS	2.6
22	a-Cadinol	27.00	GC-MS	0.2
23	Epi-e-santaleno	27.26	GC-MS	1.4
24	Ácido palmático, éster etílico	27.33	GC-MS	5.2
25	Desconhecido	27.45	-	0.4
26	Desconhecido	27.67	-	0.1
27	Mentol, 1'-(butin-3-ona-1-il)-, (1S,2S,5R)-	27.87	GC-MS	13.6
28	Desconhecido	28.13	GC-MS	0.6
29	trans-farnesol	29.14	GC-MS	1.8
30	Desconhecido	29.84	GC-MS	0.8
N.º de pico	**Componente**	**RT**	**Método de identificação**	**Abundância relativa, %, w/w**
31	Desconhecido	30.58	-	0.8
32	Ácido oleico, éster etílico	31.19	GC-MS	0.5
33	Ácido dodecanóico	31.27	GC-MS	0.6
34	Hexacosano	31.49	GC-MS	1.4
35	Ácido 9,12-octadecadienóico, éster etílico	31.97	GC-MS	3.2
36	9,12,15- octadecatrienoato de etilo	33.13	GC-MS	1.6
37	Ácido mirístico	35.10	GC-MS	2.6
38	Y-Palmitolactona	38.59	GC-MS	4.9
39	Ácido palmítico	40.99	GC-MS	27.3

RT = Tempo de retenção na análise GC-MS; tr = vestígios (< 0,1%); - = não detectado;

GC-MS - Análise espectroscópica de massa por cromatografia gasosa

GC-MS* - Confirmação do constituinte químico por GC-MS com um padrão analítico

6.3.2.2 Análise cromatográfica em fase gasosa do óleo de folhas de *Cinnamomum sinharajanse*

A Tabela 6.5 mostra os constituintes químicos do óleo de folhas de *C. sinharajanse*. Cada componente químico da amostra foi identificado por análise GC-MS (Figura 6.4) e os constituintes químicos selecionados foram ainda confirmados por injeção de padrões analíticos em GC-MS (denotados como GC-MS* na Tabela 6.5). A abundância relativa de cada constituinte químico foi obtida a partir dos resultados da GC-MS.

Quadro 6.5: Componentes do óleo de folhas de *Cinnamomum sinharajanse*

N.º de pico	Componente	RT	Método de identificação	Abundância relativa, %, w/w
1	в-Linalol	12.90	GC-MS*	0.2
2	в-cis-cariofileno	13.98	GC-MS	0.4
3	a-Terpineol	16.35	GC-MS*	Tr
4	8-Heptadeceno	16.72	GC-MS	Tr
5	Cinamaldeído	23.37	GC-MS	0.5
6	Hexa-hidrofarnesil acetona	25.03	GC-MS	4.9
7	Eugenol	25.76	GC-MS*	0.2
8	Desconhecido	27.57	-	0.2
9	Isofitol	28.01	GC-MS	0.2
10	Tetracosano	29.86	GC-MS	0.2
11	Ácido dodecanóico	31.29	GC-MS	2.4
12	Octacosano	31.50	GC-MS	0.3
Número de pico	**Componente**	**RT**	**Método de identificação**	**Abundância relativa, %, w/w**
13	Ácido mirístico	35.13	GC-MS	3.9
14	Y-Palmitolactona	38.65	GC-MS	0.7
15	Octacosano	40.64	GC-MS	1.0
16	Ácido palmítico	41.04	GC-MS	79.8

RT = Tempo de retenção na análise GC-MS; tr = vestígios (< 0,1%); - = não detectado;
GC-MS - Análise espectroscópica de massa por cromatografia gasosa
GC-MS* - Confirmação do constituinte químico por GC-MS com um padrão analítico

6.3.2.3 Análise cromatográfica em fase gasosa do óleo da casca da raiz de *Cinnamomum sinharajanse*

A Tabela 6.6 mostra os constituintes químicos do óleo da casca da raiz de *C.sinharajanse*. Cada componente químico da amostra foi identificado por análise GC-MS e os constituintes químicos selecionados foram ainda confirmados por injeção de padrões analíticos em GC-MS (denotados como GC-MS* na Tabela 6.6). Os componentes químicos no cromatograma GC-FID (Figura 6.6) foram atribuídos por comparação com o cromatograma GC-MS (Figura 6.5). Posteriormente, a abundância relativa de cada constituinte químico foi obtida a partir dos resultados do GC-FID.

Quadro 6.6: Componentes do óleo da casca da raiz de *Cinnamomum sinharajanse*

N.º de pico	Componente	RT	Método de identificação	Abundância relativa, %, w/w
1	D-Limoneno	5.62	GC-MS*	0.1
2	1,8-Cineol	5.89	GC-MS*	2.7
3	p-Cimeno	6.85	GC-MS	0.2
4	d-Cânfora	12.29	GC-MS	6.6
5	в-Linalol	12.88	GC-MS*	0.2
6	a-Santaleno	13.38	GC-MS	Tr

7	Acetato de bornilo	13.67	GC-MS	0.2
8	(-)-Terpinen-4-ol	14.22	GC-MS*	0.8
9	β-Santaleno	15.10	GC-MS	Tr
10	Desconhecido	15.58	-	Tr
11	Desconhecido	15.80	-	Tr
12	Desconhecido	16.23	GC-MS	0.2
13	a-Terpineol	16.35	GC-MS*	1.5
14	Desconhecido	16.44	-	Tr
15	Safrole	19.98	GC-MS*	1.2
Número de pico	**Componente**	**RT**	**Método de identificação**	**Abundância relativa, %, w/w**
16	Metileugenol	22.84	GC-MS*	82.2
17	Eugenol	25.77	GC-MS*	2.6
18	Elemicina	26.89	GC-MS-NMR	Tr
19	Desconhecido	27.89	GC-MS	0.1
20	Cinamaldeído, 3,4- dimetoxi	40.88	GC-MS	0.1

RT = Tempo de retenção na análise GC-MS; Tr = vestígios (< 0,1%); - = não detectado;
GC-MS - Análise espectroscópica de massa por cromatografia gasosa
GC-MS* - Confirmação do constituinte químico por GC-MS com um padrão analítico
NMR- Espectroscopia Magnética Nuclear

6.3.3 Comparação dos constituintes químicos dos óleos da casca do caule, da folha e da casca da raiz de *Cinnamomum sinharajanse*

A Tabela 6.7 mostra a comparação da análise cromatográfica em fase gasosa dos óleos da casca do caule, da folha e da casca da raiz de *Cinnamomum sinharajanse.* O Índice de Retenção de cada composto foi calculado conforme descrito em 2.5.3.3.

Quadro 6.7: Composição (%) dos óleos das folhas, da casca do caule e da casca da raiz de *Cinnamomum sinharajanse.*

RIComposto% , Casca %, Folha %, Casca da raiz				
1029	a-Pineno	0.1	-	-
1172	a-Phellandrene	Tr	-	-
1208	D-Limoneno	Tr	-	0.1
1218	1,8-Cineol	Tr	-	2.7
1280	p-Cimeno	Tr	-	0.2
1489	d-Cânfora	-	-	6.6
1496	a-Copaeno	Tr	-	-
1548.9	β-Linalol	0.8	0.2	0.2
1580	a-Santaleno	-	-	Tr
1603	β-Cariofileno	0.9	-	-
1606	β-cis-cariofileno	-	0.4	-
1609	Acetato de bornilo	-	-	0.2
1612	(-)-Terpinen-4-ol	-	-	0.8
1638.9	β-Santaleno	-	-	Tr
-	Desconhecido	-	-	Tr
-	Desconhecido	-	-	Tr
-	Desconhecido	-	-	0.2
1694.2	a-Terpineol	-	Tr	1.5
RI	**Composto**	**%, Casca**	**%, Folha**	**%, Casca da raiz**
-	Desconhecido	-	-	Tr

1711	8-Heptadeceno	-	Tr	-
1864.2	Safrole	-	-	1.2
2002.5	Metileugenol	8.9	-	82.2
2029.5	Dialdeído benzalmalónico	3.1	-	-
2030.1	trans-cinamaldeído	-	0.5	-
-	Desconhecido	0.3	-	-
2043.5	a-Copaen-11-ol	1.9	-	-
2057.5	Cubenol	Tr	-	-
2070.5	Globulol	Tr	-	-
2119.9	Hexa-hidrofarnesil acetona	-	4.9	-
2129	Isolongifolol	1.8	-	-
2155.9	в-bisabolol	0.7	-	-
2168.0	Eugenol	-	0.2	2.6
-	Desconhecido	4.2	-	-
-	Desconhecido	0.3	-	-
-	Desconhecido	0.1	-	-
2187.6	Heptacosano	0.4	-	-
2206.5	a-Bisabolol	2.6	-	-
2217.4	Elemicina	-	-	Tr
2223.6	a-Cadinol	0.2	0.6	-
2238.2	epi-в-santaleno	1.4	1.0	-
2242.1	Ácido palmático, éster etílico	5.2	1.4	-
-	Desconhecido	0.4	0.3	-
-	Desconhecido	-	0.2	-
-	Desconhecido	0.1	-	-
2272.5	Mentol, 1'-(butin-3-ona-1-il)-, (1S,2S,5R)-	13.6	-	-
-	Desconhecido	-	-	0.1
2280.3	Isofitol	-	0.2	-
-	Desconhecido	0.6	0.2	-
2345.6	trans-farnesol	1.8	-	-
-	Desconhecido	0.8	0.1	-
2387.7	Tetracosano	-	0.2	-
-	Desconhecido	0.8	-	-
2467.9	Ácido oleico, éster etílico	0.5	-	-
2472.7	Ácido dodecanóico	0.6	2.4	-
2486.1	Hexacosano	1.4	-	-
2486.7	Octacosano	-	0.3	-
2514.9	Ácido 9,12-octadecadienóico, éster etílico	3.2	-	-
2583.9	9,12,15-octadecatrienoato de etilo	1.6	-	-
2683.7	Ácido mirístico	2.6	3.9	-
2825.9	Y-Palmitolactona	4.9	0.7	-
2824	Octacosano	-	1.0	-
2908.5	Cinamaldeído, 3,4-dimetoxi	-	-	0.1
2912.5	Ácido palmítico	27.3	79.8	-

RI = Índice de retenção; tr = vestígios (< 0,1%); - = não detectado

6.3.4 Análise dos parâmetros físico-químicos dos óleos

O Quadro 6.8 mostra algumas das propriedades físico-químicas dos óleos da casca do caule, da folha e da casca da raiz de *C.sinharajanse.* A análise foi efectuada conforme descrito em 2.5.6. No entanto, a gravidade específica e a solubilidade em etanol não foram efectuadas para as amostras de óleo do caule e de óleo das folhas devido a quantidades insuficientes de óleo.

Além disso, a rotação ótica não foi efectuada para os três óleos devido a quantidades insuficientes de óleo.

Tabela 6.8: Comparação dos parâmetros físico-químicos dos óleos *de Cinnamomum sinharajanse*

Caraterísticas	Fonte		
	Óleo de casca de tronco	**Óleo de folhas**	**Óleo de casca de raiz**
Gravidade específica a 250C	0.9845	1.0266	1.0450
Índice de refração a 250C	1.5756	1.5150	1.5870
Solubilidade em etanol a 70%	1 volume ol	f amostra em 2 volume o	f Etanol a 70%

6.4 Discussão

6.4.1 Óleo da casca do caule *de Cinnamomum sinharajanse*

O óleo essencial isolado da casca do caule de *C. sinharajanse* era um óleo amarelado pálido, mais leve do que a água, com cheiro agradável. O rendimento do óleo da casca do caule foi de 0,2 ± 0,05% (v/w) com base no peso seco. No entanto, o teor de óleo é muito inferior ao do estudo recente de Liyanage et al. que é de 3,53%, v/w com base no peso seco.

O presente estudo foi a primeira análise abrangente por GC-MS do óleo da casca do caule de *C. sinharajanse.* Entre os três óleos essenciais, o óleo da casca do caule contém o maior número de componentes, que é trinta e nove (Figura 6.3), dos quais trinta e três componentes foram identificados utilizando GC-MS (Tabela 6.4).

O presente estudo mostra que o óleo da casca do caule contém ácido palmítico (27,3%), mentol, 1'-(butin-3-um-1-il)-, (1S,2S,5R)- (13,6%), metil eugenol (8,9%), éster etílico do ácido palmítico (5,2%) e y- palmitolactona (4,9%) como compostos principais. No entanto, os compostos terpénicos são menores no óleo da casca de C. *sinharajanse* em comparação com os óleos da casca de outras espécies endémicas de canela.

Os resultados GC-MS do óleo da casca do caule foram comparados com os de estudos anteriores. No entanto, os resultados do presente estudo sobre o óleo da casca do caule de *C. sinharajanse* não coincidem com a análise cromatográfica em fase gasosa do estudo recente sobre o óleo da casca do caule de *C. sinharajanse* realizado por Liyanage *et al.* (2017). De acordo com o estudo de Liyanage *et al.,* o óleo da casca do caule contém cinamaldeído (57,4%), acetato de cinamilo (13,7%) e в-cariofeleno (4,5%) como compostos principais. No entanto, de acordo com o presente estudo, o cinamaldeído e o acetato de cinamilo não estão presentes no óleo da casca do caule e o в-cariofeleno estava presente a um nível de 0,9%. Além disso, este estudo específico de Liyanage et al. foi realizado por GC sob deteção FID com a ajuda de padrões selecionados. Além disso, Sritharan (1984) analisou o óleo da casca do caule de *C. sinharajanse* por cromatografia de camada fina (TLC) e concluiu que o cinamaldeído e o eugenol estão presentes a um nível moderado e o linalol e um composto desconhecido a um nível vestigial (Quadro 6.1). Por conseguinte, o presente estudo mostra uma impressão digital química diferente do óleo da casca do caule de C. *sinharajanse* em comparação com os dois estudos anteriores.

6.4.2 Óleo de folhas de *Cinnamomum sinharajanse*

O óleo essencial isolado das folhas de *C. sinharajanse* era um óleo amarelado pálido, mais leve do que a água, com um odor desagradável a folhas. O rendimento do óleo foi de 0,2±0,05% (v/w) com base no peso seco, o que é muito baixo em comparação com os estudos anteriores. De acordo com o estudo de Liyanage et al., foi confirmado que a folha de *C.*

sinharajanse tem um teor de óleo de 2,4%, v/w, com base no peso seco. No entanto, o rendimento em óleo do material vegetal depende totalmente da maturidade e das condições ambientais.

No presente estudo, foram detectados dezasseis componentes no óleo essencial da folha por GC-MS (Figura 6.4) e, destes, quinze componentes foram identificados por GC-MS (Tabela 6.5). Além disso, mostra que o óleo da folha contém ácido palmítico (79,8%), hexa-hidrofarnesil acetona (4,9%), ácido mirístico (3,9%) e ácido dodecanóico (2,4%) como os compostos principais. No entanto, um estudo recente de Liyanage et al. sobre cromatografia gasosa mostra que o óleo das folhas contém eugenol (87,5%) como composto principal e cinamaldeído (2,0%), álcool cinamílico (1,5%) e в-cariofeleno (1,0%) como compostos secundários, que são compostos totalmente diferentes dos do presente estudo. Além disso, um estudo efectuado sobre o óleo essencial da folha de *C. sinharajanse* por Sritharan (1984), provou que contém uma quantidade elevada de eugenol e vestígios de a-terpineol e acetil eugenol. Por conseguinte, os resultados obtidos no estudo de Sritharan também não são compatíveis com os resultados do presente estudo.

6.4.3 Óleo da casca da raiz de *Cinnamomum sinharajanse*

O teor de óleo do óleo da casca da raiz de *C. sinharajanse* foi investigado pela primeira vez e provou que o teor de óleo da casca da raiz é de 1,5 ± 0,10% com base no peso seco. Também tem um odor diferente em comparação com os óleos da casca do caule e das folhas, que é um odor semelhante ao da cânfora. Além disso, o estudo de cromatografia gasosa (Figura 6.5) mostra que o óleo da casca da raiz contém um tipo totalmente diferente de componentes químicos principais em comparação com os óleos da casca da folha e do caule. De acordo com o presente estudo, o componente principal do óleo da casca da raiz é o metil-eugenol (82,2%) de dezanove compostos identificados por GC-MS (Tabela 6.6). Além disso, os compostos d-cânfora (6,6%) e 1,8-cineol (2,7%) estão presentes como compostos menores no óleo da casca da raiz. No entanto, não existem estudos anteriores efectuados para o óleo do caule da raiz de *C. sinharajanse*.

Referências

Kumarathilake, D.M.H.C., Senanayake, S.G.J.N., Wijesekara, G.A.W., Wijesundera, D.S.A., Ranawaka, R.A.A.K. (2010). Avaliações do risco de extinção ao nível das espécies: National Red List Status of Endemic Wild Cinnamon Species in Sri Lanka, *Tropical Agriculture Research Vol. 21 (3):* 247- 257.

IUCN Sri Lanka, (2000). The 1999 list of threatened fauna and flora of Sri Lanka, Colombo, Sri Lanka.

Liyanage, T., Madhujith, T., Wijesinghe, K.G.G. (2017), Estudo comparativo sobre os principais constituintes químicos no óleo volátil de canela verdadeira (Cinnamomum verum Presl. syn. C. zeylanicum Blum.) e cinco espécies de canela selvagem cultivadas no Sri Lanka. *Tropical Agriculture Research Vol. 28 (3):* 270- 280.

Sritharan, R. (1984). The study of genus Cinnamon, M.Phil. thesis, PGIA, Peradeniya, Sri Lanka.

CAPÍTULO 7

Óleos essenciais de *Cinnamomum* sp.1 (Unidentified sp.1) (Sin: Wal Kurundu); (Eng: Wild Cinnamon)

7.1 Introdução

A Reserva Florestal de Kanneliya é uma das reservas florestais na região sul do Sri Lanka, que apresenta uma maior biodiversidade. Por conseguinte, é um conjunto de espécies endémicas, especialmente espécies de *Cinnamomum*, como *Cinnamomum dubium* Nees e *Cinnamomum capparu-coronde* Blume (Kumarathilake et al., 2010). No entanto, durante a exploração de novas espécies portadoras de óleo essencial na Reserva Florestal de Kanneliya, a equipa de investigação notou uma nova espécie de *Cinnamomum* com folhas largas e espessas, que é muito semelhante à *Cinnamomum sinharajense* na Reserva Florestal de Sinharaja (Figura 7.1). No entanto, esta espécie em particular não produz flores durante todo o ano. Por conseguinte, a autenticação desta nova espécie foi um desafio e não foi possível identificar a espécie no Herbário Nacional. Por conseguinte, foi designada como *Cinnamomum* sp. 1.

Figura 7.1: *Cinnamomum* sp. 1, planta na Reserva Florestal de Kanneliya

A Cinnamomum sp. 1 é uma árvore de tamanho moderado que cresce até cerca de 7 pés de altura. Cresce principalmente à sombra. As folhas são opostas ou subopostas, de ápice ovalado, base arredondada, lâmina coriácea, glabra, oval a lanceolada, de 8 a 19 cm de comprimento. O pecíolo é grosso, plano na superfície superior e tem 1,7 cm de comprimento. Três nervuras principais partem da base, a nervura central é proeminente, a reticulação é proeminente na superfície superior e inferior. O folheto é cor-de-rosa e parcialmente vermelho-escuro. Estão presentes galhas nas folhas. A folha de *Cinnamomum* sp. 1 é também maior do que a folha de outras espécies endémicas de canela, exceto *C. sinharajanse*. A época de floração não é referida. A casca é lisa e de cor castanha e fácil de descascar. As folhas de *Cinnamomum* sp. 1 têm um cheiro agradável e a casca tem um cheiro agradável distinto, muito semelhante ao da casca da canela do Ceilão comercial, *C. zeylanicum*. Além disso, a folha da *Cinnamomum* sp. 1 tem um aspeto muito semelhante ao da *C. sinharajanse,* mas tem um cheiro completamente diferente do da folha da *C. sinharajanse.*

Este é o primeiro estudo de sempre de óleos essenciais de *Cinnamomum* sp. 1, por análise de espetrometria de massa por cromatografia gasosa. Os óleos essenciais da folha, da casca do caule e da casca da raiz foram analisados quanto aos perfis completos dos constituintes químicos. Por conseguinte, o presente estudo foi efectuado para estabelecer a impressão digital GC-MS da folha, da casca do caule e da casca da raiz de *Cinnamomum* sp. 1, que se limita à Reserva Florestal de Kanneliya.

7.2 Experimental

7.2.1 Material vegetal

As amostras de casca do caule, folha e casca da raiz de *Cinnamomum* sp. 1 foram colhidas na Reserva Florestal de Kanneliya, como descrito no ponto 2.1.2. Tal como descrito no ponto 2.1.3, foram atribuídos códigos às amostras colhidas e foi depositado um espécime de prova (espécime de prova n.º LF-KF-1) para cada amostra no Herbário Nacional do Sri Lanka, que não conseguiu autenticar o material vegetal sem flores. A extração e análise do óleo para os três óleos foram feitas a partir das partes obtidas da mesma planta, que é uma árvore de tamanho médio com cerca de 1,5 metros de altura.

7.2.2 Extração de óleos essenciais

As amostras selvagens selecionadas foram secas ao ar e cortadas em pequenos pedaços, como descrito no ponto 2.2. As amostras de casca, folha e raiz secas ao ar foram submetidas a hidrodestilação num aparelho Clevenger, como descrito em 2.4.1. Além disso, a análise da humidade do material vegetal foi efectuada com o aparelho Dean and Stark, como descrito no ponto 2.3.1.

7.2.3 Análise dos óleos essenciais

A análise química dos óleos extraídos das amostras de cascas, folhas e raízes foi efectuada por GC-MS seguido de GC-FID utilizando a coluna DB-Wax e os parâmetros físicos dos óleos foram efectuados por refratómetro, polarímetro e picnómetro, tal como descrito no ponto 2.5.

7.2.3.1 Análise GC-MS

A preparação das amostras para GC-MS foi efectuada como descrito no ponto 2.5.2.1 e a análise GC-MS dos óleos foi efectuada como descrito no ponto 2.5.3.1.

7.2.3.2 Análise GC-FID

A preparação da amostra para GC-FID foi efectuada como descrito no ponto 2.5.2.2 e a análise GC-FID dos óleos foi efectuada como descrito no ponto 2.5.3.2.

7.2.3.3 Identificação e quantificação de compostos

A identificação dos compostos presentes em cada amostra de óleo essencial foi efectuada por GC-MS e por cálculos do índice de retenção de cada pico, tal como descrito em 2.5.3.1 e 2.5.3.3, respetivamente.

7.2.3.4 Análise dos parâmetros físicos

A análise dos parâmetros físicos, incluindo o índice de refração, a rotação ótica, a densidade relativa e a solubilidade em etanol a 70%, foi efectuada como descrito no ponto 2.5.6.

7.3 Resultados

7.3.1 Aspeto, odor e rendimento dos óleos essenciais

O quadro 7.1 apresenta as propriedades gerais dos óleos essenciais obtidos a partir de *Cinnamomum* sp. 1, incluindo a cor, o odor e o rendimento de cada óleo.

Tabela 7.1: Aspeto, odor e rendimento dos óleos extraídos de *Cinnamomum* sp. 1

Tipo de óleo	Cor/densidade	Odor	Teor percentual de óleo com base no peso seco/,v/w
Casca do caule	Amarelado pálido/óleo claro	Cheiro agradável a canela	0.2 ± 0.05
Folha	Amarelo escuro/Óleo pesado	Cheiro a folha	0.3 ± 0.05
Casca de raiz	Cor menos/óleo pesado	Tipo cânfora	1.2 ± 0.10

7.3.2 Análise cromatográfica em fase gasosa de óleos essenciais destilados em laboratório

A Tabela 7.2 mostra a análise cromatográfica em fase gasosa dos óleos essenciais *de Cinnamomum sp.* 1 obtidos de diferentes partes da planta. Mostra o aparelho utilizado para as extracções de óleo, a coluna utilizada para a análise e os detalhes dos cromatogramas para a análise GC-MS e GC-FID de cada óleo. Devido ao baixo teor de óleo do óleo da casca do caule e do óleo das folhas, a análise GC-FID não foi efectuada para esses óleos. No entanto, o óleo da casca da raiz foi analisado tanto por GC-FID como por GC-MS.

Tabela 7.2: Análise GC dos óleos essenciais *de Cinnamomum* sp. 1

Óleo essencial	Aparelhos utilizados para a destilação	Coluna	Análise GC-MS Figura Nos.	Análise GC-FID Figura Nos.
Óleo de casca de tronco	Aparelho de Clevenger (braço de óleo leve)	Cera DB	93	-
Óleo de folhas	Aparelho de Clevenger (braço de óleo leve)	Cera DB	94	-
Óleo da casca da raiz	Aparelho de Clevenger (braço de óleo leve)	Cera DB	95	96

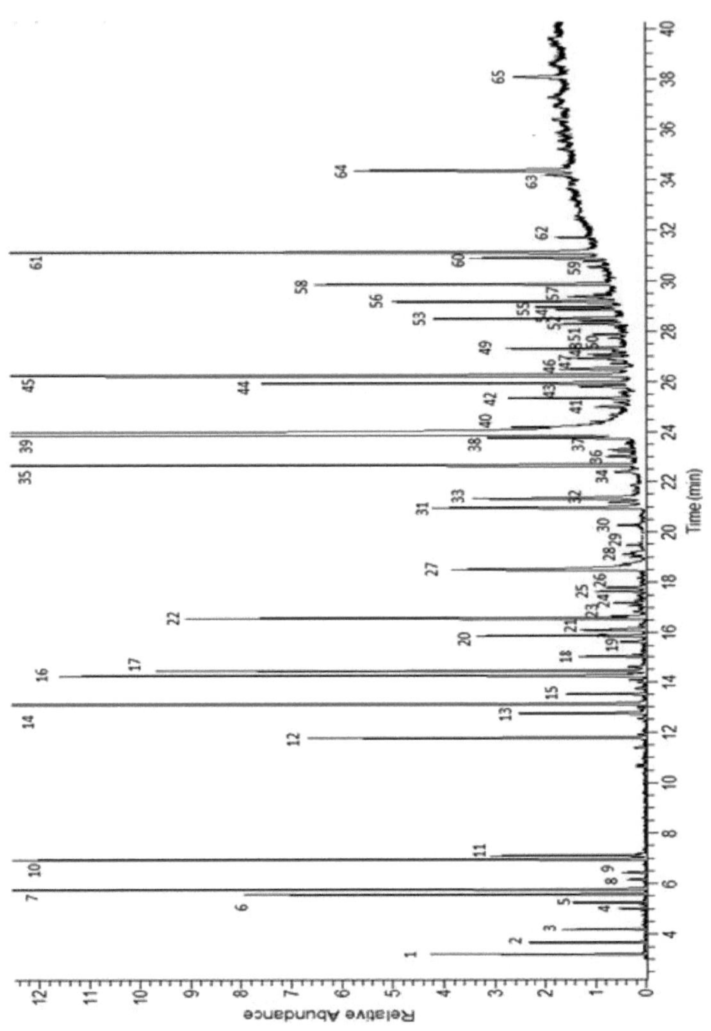

Fig. 7.2. Cromatograma GC-MS do óleo da casca do caule *de Cinnamomum* sp. 1 na coluna DB-Wax

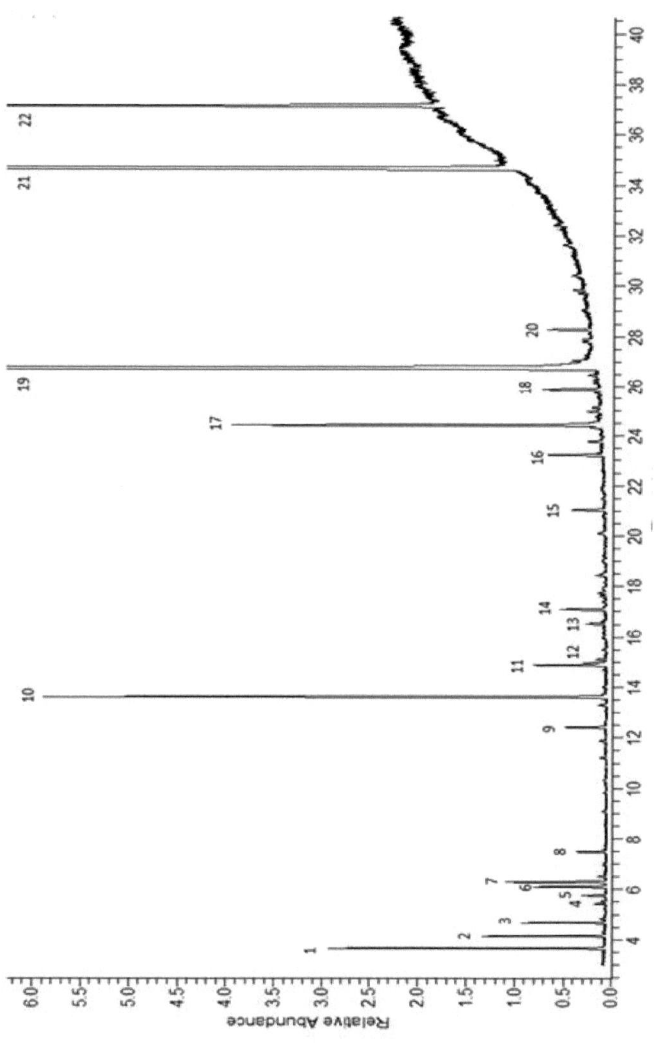

Fig. 7.3. Cromatograma GC-MS do óleo de folhas de *Cinnamomum* sp. 1 na coluna DB-Wax

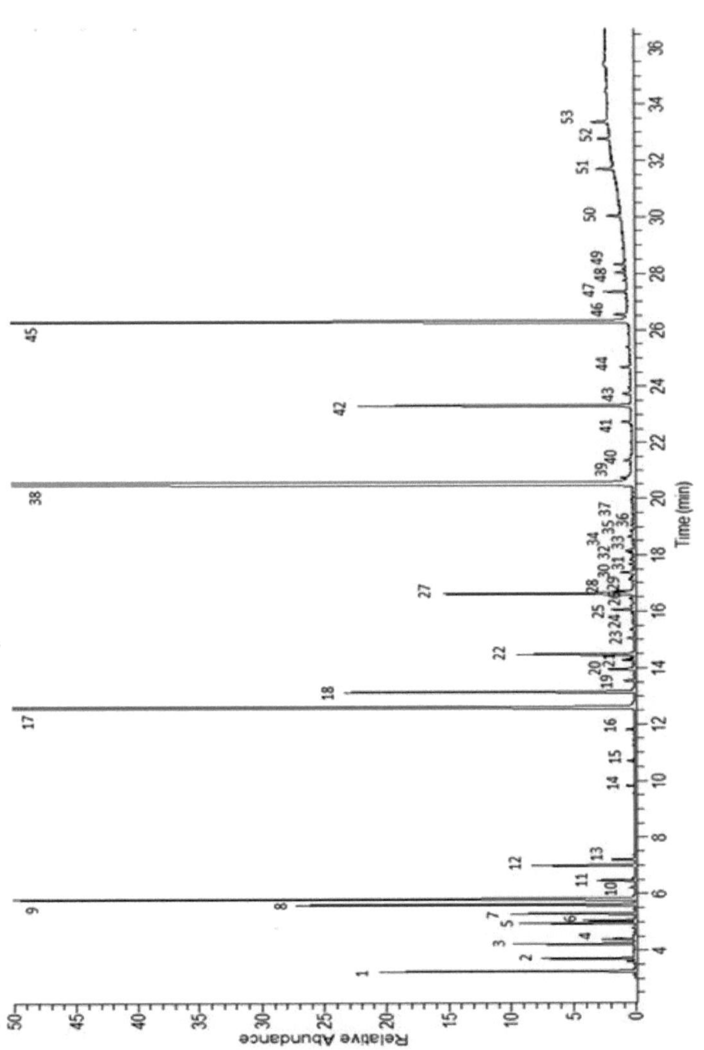

Fig. 7.4. Cromatograma GC-MS do óleo da casca da raiz de *Cinnamomum* sp. 1 na coluna DB-Wax

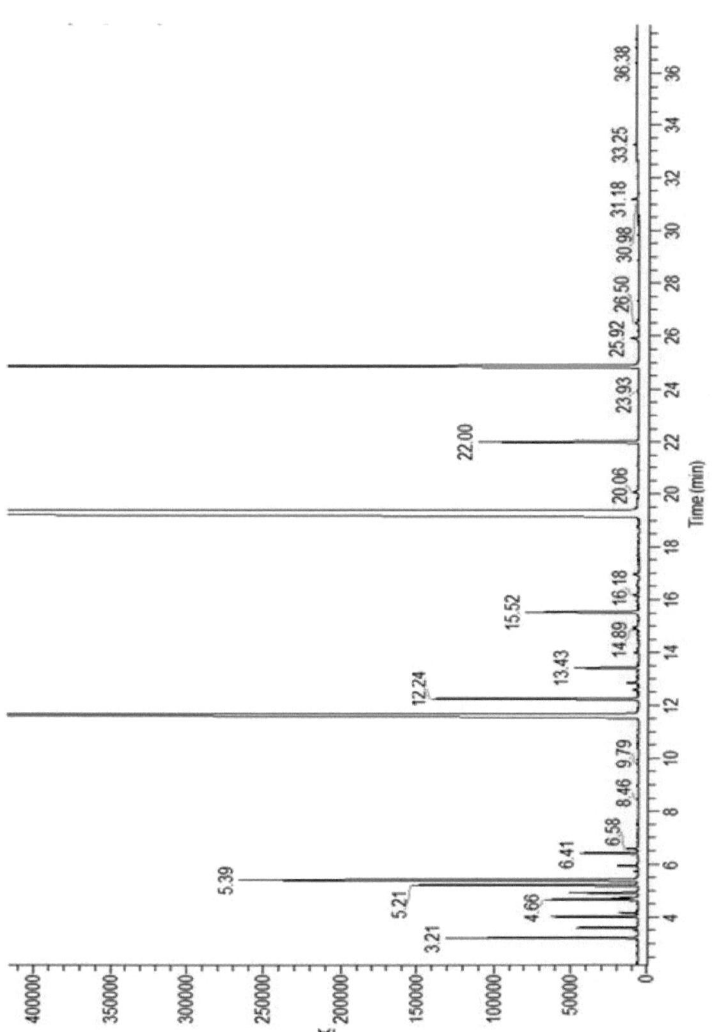

<u>Fig. 7.5. Cromatograma GC-FID do óleo da casca da raiz de *Cinnamomum* sp. 1 na coluna DB-Wax</u>

7.3.2.1 Análise cromatográfica em fase gasosa do óleo da casca do caule *de Cinnamomum* sp. 1

A Tabela 7.3 mostra os constituintes químicos do óleo da casca do caule *de Cinnamomum* sp. 1. Cada componente químico da amostra foi identificado por análise GC-MS (Figura 7.2) e os constituintes químicos selecionados foram ainda confirmados por injeção de padrões analíticos em GC-MS (denotados como GC-MS* na Tabela 7.3). A abundância relativa de cada constituinte químico foi obtida a partir dos resultados da GC-MS.

Quadro 7.3: Componentes do óleo da casca do caule de *Cinnamomum* sp. 1

Número	Componente	RT	Método de	Abundância

de pico			identificação	relativa, %, w/w
1	a-Pineno	3.20	GC-MS*	0.6
2	Camphene	3.68	GC-MS	0.3
3	Sabineno	4.19	GC-MS	0.2
4	a-Phellandrene	5.02	GC-MS	Tr
5	2-Borneno	5.26	GC-MS	0.2
6	D-Limoneno	5.58	GC-MS*	1.3
7	B-Phellandrene	5.77	GC-MS	3.6
8	2-metilbutanoato de butilo	6.15	GC-MS	Tr
9	Y-Terpineno	6.43	GC-MS*	Tr
10	p-Cimeno	6.96	GC-MS	2.5
11	Ácido butírico, 2-metil-, 2-metilbutil	7.11	GC-MS	0.5
12	a-Copaeno	11.78	GC-MS	1.5
13	Benzaldeído	12.74	GC-MS	0.6
14	B-Linalol	13.12	GC-MS*	6.8
15	2-Ciclo-hexeno-1-ol, 1-metil-4-(1-	13.51	GC-MS	0.3
16	B-Cariofileno	14.24	GC-MS*	2.7
17	Terpinen-4-ol	14.44	GC-MS*	2.1
18	*cis* -p-Menth-2-en-1 -ol	15.01	GC-MS	0.2
19	Desconhecido	15.65	-	Tr
20	Humuleno	15.89	GC-MS*	0.7
21	Criptone	16.11	GC-MS	0.4
22	a-Terpineol	16.58	GC-MS*	2.0
23	Furano, 2-etil-5-metil-	16.67	GC-MS	0.1
24	Phellandral	17.19	GC-MS	0.1
25	trans-Piperitol	17.64	GC-MS	0.2
26	5-Cadineno	17.78	GC-MS	0.1
27	Benzenepropanal	18.51	GC-MS	1.7
28	Desconhecido	18.73	-	Tr
29	Desconhecido	19.11	-	Tr
N.º de pico	**Componente**	**RT**	**Método de identificação**	**Abundância relativa, %, w/w**
30	Isovalerato de benzilo	20.27	GC-MS	Tr
31	Cinamaldeído	20.96	GC-MS	1.1
32	Desconhecido	21.18	-	0.2
33	Miristaldeído	21.33	GC-MS	1.0
34	Desconhecido	22.37	-	0.1
35	Óxido de cariofileno	22.65	GC-MS*	3.4
36	Desconhecido	22.99	-	Tr
37	Desconhecido	23.29	-	Tr
38	Epóxido de humuleno II	23.77	GC-MS	0.6
39	Trans-cinamaldeído	23.94	GC-MS*	41.6
40	Desconhecido	24.19	-	0.2
41	Desconhecido	24.98	-	0.1
42	(-)-Spathulenol	25.34	GC-MS	0.5
43	Desconhecido	25.80	-	0.3
44	Acetato de cinamilo	25.94	GC-MS*	1.7
45	Eugenol	26.25	GC-MS*	6.4

46	Desconhecido	26.49	-	0.4
47	Ácido palmítico, éster metílico	26.94	GC-MS	0.3
48	Carvacrol	27.07	GC-MS	0.1
49	a-Cadinol	27.31	GC-MS	0.5
50	Desconhecido	27.87	-	0.1
51	Desconhecido	28.28	-	0.3
52	Álcool cinamílico	28.40	GC-MS	0.2
53	Tetracyclo[6.3.2.0(2,5).0(1,8)]tridecan-9-	28.49	GC-MS	0.9
54	a-Copaeno	28.85	GC-MS	0.3
55	Desconhecido	28.95	-	0.3
56	epóxido *de trans-Z-a-Bisaboleno*	29.17	GC-MS	1.0
57	a-Santalol	29.36	GC-MS	0.2
58	Desconhecido	29.86	-	1.4
59	Santalol, trans-B-	30.78	GC-MS	Tr
60	Ácido oleico, éster metílico	30.90	GC-MS	0.7
61	Cinamaldeído, o-metoxi-	31.13	GC-MS	3.7
62	Éster metílico do ácido 11,14-icosadienoico	31.72	GC-MS	0.1
63	Desconhecido	34.19	-	0.1
64	Benzoato de benzilo	34.37	GC-MS*	1.3
65	Salicilato de benzilo	38.09	GC-MS	0.4

RT = Tempo de retenção na análise GC-MS; tr = vestígios (< 0,1%); - = não detectado;

GC-MS - Análise espectroscópica de massa por cromatografia gasosa

GC-MS* - Confirmação do constituinte químico por GC-MS com um padrão analítico

7.3.2.2 Análise cromatográfica em fase gasosa do óleo de folhas de *Cinnamomum* sp. 1

A Tabela 7.4 mostra os constituintes químicos do óleo de folhas de *Cinnamomum* sp. 1. Cada componente químico da amostra foi identificado por análise GC-MS (Figura 7.3) e os constituintes químicos selecionados foram ainda confirmados por injeção de padrões analíticos em GC-MS (denotados como GC-MS* na Tabela 7.4). A abundância relativa de cada constituinte químico foi obtida a partir dos resultados da GC-MS.

Quadro 7.4: Constituintes do óleo de folhas de *Cinnamomum* sp. 1

N.º de pico	Componente	RT	Método de identificação	Abundância relativa, %, w/w
1	a-Pineno	3.65	GC-MS*	0.7
2	Camphene	4.14	GC-MS	0.3
3	B-Pineno	4.67	GC-MS*	0.2
4	B-Mirceno	5.42	GC-MS	Tr
5	a- Terpineno	5.76	GC-MS*	Tr
6	D-Limoneno	6.10	GC-MS*	0.2
7	B-Phellandrene	6.29	GC-MS*	0.3
8	p-Cimeno	7.49	GC-MS	Tr
9	a-Copaeno	12.42	GC-MS	0.1
10	B-Linalol	13.61	GC-MS*	2.1
11	B-Cariofileno	14.87	GC-MS*	0.3
12	Terpinen-4-ol	14.97	GC-MS*	Tr
13	Humuleno	16.52	GC-MS*	Tr
14	a-Terpineol	17.09	GC-MS*	0.2
15	Álcool benzílico	21.04	GC-MS	Tr
16	Óxido de cariofileno	23.21	GC-MS	0.2

17	Cinamaldeído	24.43	GC-MS*	1.8
18	Spathulenol	25.89	GC-MS	0.2
19	Eugenol	26.25	GC-MS*	49.8
20	Desconhecido	28.27	GC-MS	0.2
21	Benzoato de benzilo	34.67	GC-MS*	40.4
22	Salicilato de benzilo	37.16	GC-MS	2.5

RT = Tempo de retenção na análise GC-MS; tr = vestígios (< 0,1%); - = não detectado;

GC-MS - Análise espectroscópica de massa por cromatografia gasosa

GC-MS* - Confirmação do constituinte químico por GC-MS com um padrão analítico

7.3.2.3 Análise cromatográfica em fase gasosa do óleo da casca da raiz de *Cinnamomum* sp. 1

A Tabela 7.5 mostra os constituintes químicos do óleo da casca da raiz de *Cinnamomum* sp. 1. Cada componente químico da amostra foi identificado por análise GC-MS e os constituintes químicos selecionados foram ainda confirmados por injeção de padrões analíticos em GC-MS (denotados como GC-MS* na Tabela 7.5). Os componentes químicos no cromatograma GC-FID (Figura 7.5) foram atribuídos por comparação com o cromatograma GC-MS (Figura 7.4). Posteriormente, a abundância relativa de cada constituinte químico foi obtida a partir dos resultados do GC-FID.

Quadro 7.5: Constituintes do óleo da casca da raiz de *Cinnamomum* sp. 1

N.º de pico	Componente	RT	Método de identificação	Abundância relativa, %, w/w
1	a-Pineno	3.26	GC-MS*	1.1
2	Camphene	3.71	GC-MS	0.4
3	в-Pineno	4.23	GC-MS*	0.6
4	Desconhecido	4.39	-	0.1
5	в-Mirceno	4.96	GC-MS	0.6
6	a-Phellandrene	5.05	GC-MS	0.2
7	a-Terpineno	5.29	GC-MS*	0.5
8	D-Limoneno	5.61	GC-MS*	1.7
9	Eucaliptol	5.81	GC-MS*	4.5
10	trans-в-Ocimeno	6.21	GC-MS	Tr
11	Y-Terpineno	6.46	GC-MS *	0.2
12	p-Cimeno	6.99	GC-MS	0.4
13	a-Terpinoleno	7.20	GC-MS*	0.1
14	Fenchone	9.82	GC-MS	Tr
15	p-Cimeno	10.67	GC-MS	Tr
16	a-Copaeno	11.81	GC-MS	Tr
17	Cânfora	12.60	GC-MS	16.5
18	в-Linalol	13.15	GC-MS*	1.9
19	p-Menth-2-en-1 -ol,	13.55	GC-MS	0.1
20	Acetato de bornilo	13.95	GC-MS	Tr
21	в-Cariofileno	14.28	GC-MS*	Tr
22	Terpinen-4-ol	14.48	GC-MS*	0.6
23	*cis* -p-Menth-2-en-1 -ol	15.05	GC-MS	Tr
24	Aromandendreno	15.35	GC-MS	Tr
25	Estragole	16.05	GC-MS	Tr
26	Pentadecano	16.45	GC-MS	Tr
27	a-Terpineol	16.62	GC-MS*	1.2
28	Desconhecido	16.70	-	Tr

29	Piperitona	17.38	GC-MS	Tr
N.º de pico	**Componente**	**RT**	**Método de identificação**	**Abundância relativa, %, w/w**
30	trans-Piperitol	17.68	GC-MS	Tr
31	5-Cadineno	17.82	GC-MS	Tr
32	(R)-(+)-e-Citronelol	18.07	GC-MS	Tr
33	Humuleno	18.16	GC-MS*	Tr
34	Heptadecano	18.65	GC-MS	Tr
35	cis-Geraniol	18.85	GC-MS*	Tr
36	cis-Sabinol	19.04	GC-MS	Tr
37	p-Cimeno-8-ol	19.97	GC-MS	Tr
38	Safrole	20.54	GC-MS*	58.6
39	Nonadecano	20.73	GC-MS	Tr
40	Miristaldeído	21.37	GC-MS	Tr
41	Heneicosano	22.75	GC-MS	Tr
42	Metileugenol	23.32	GC-MS*	1.6
43	a-Isosafrole	23.73	GC-MS	Tr
44	Desconhecido	24.68	-	Tr
45	Eugenol	26.29	GC-MS*	7.6
46	Octacosano	26.53	GC-MS	Tr
47	Elemicina	27.35	GC-MS-NMR	Tr
48	Miristicina	28.02	GC-MS	Tr
49	Heptacosano	28.31	GC-MS	Tr
50	Octacosano	30.03	GC-MS	Tr
51	Desconhecido	31.68	-	Tr
52	Metoxi eugenol	32.77	GC-MS	Tr
53	Desconhecido	33.36	-	Tr

RT = Tempo de retenção na análise GC-MS; Tr = vestígios (< 0,1%); - = não detectado;
GC-MS - Análise espectroscópica de massa por cromatografia gasosa
GC-MS* - Confirmação do constituinte químico por GC-MS com um padrão analítico
NMR- Espectroscopia Magnética Nuclear

7.3.3 Comparação dos constituintes químicos dos óleos da casca do caule, das folhas e da casca da raiz de *Cinnamomum* sp. 1

A Tabela 7.6 mostra a comparação da análise cromatográfica em fase gasosa dos óleos da casca do caule, da folha e da casca da raiz de *Cinnamomum* sp. 1. O Índice de Retenção de cada composto foi calculado conforme descrito no ponto 2.5.3.3.

Quadro 7.6: Composição (%) dos óleos das folhas, da casca do caule e da casca da raiz de *Cinnamomum* sp. 1

RI	Composto	Casca, %	Folha, %	Casca da raiz, %
1029	a-Pineno	0.6	0.7	1.1
1076	Camphene	0.3	0.3	0.4
1118	ʙ-Pineno		0.2	0.6
1128	Sabineno	0.2	-	-
-	Desconhecido	-	-	0.1
1167	ʙ-Mirceno	-	Tr	0.6
1172	a-Phellandrene	Tr	-	0.2
1186.8	2-Borneno	0.2	-	-
1188	a- Terpineno	-	Tr	0.5

1208	D-Limoneno	1.3	0.2	1.7
1214	B-Phellandrene	3.6	-	-
1218	Eucaliptol	-	-	4.5
1239	trans-B-Ocimeno	-	0.3	Tr
1245.8	2-metilbutanoato de butilo	Tr	-	-
1252	Y-Terpineno	Tr	-	0.2
1280	p-Cimeno	2.5	Tr	0.4
1285	Ácido butírico, 2-metil-, éster 2-metilbutílico	0.5	-	-
1489	Cânfora	-	-	16.5
1496	a-Copaeno	1.5	0.1	Tr
1531.9	Benzaldeído	0.6	-	-
1555	B-Linalol	6.8	2.1	1.9
1561.1	*p-Mentil-2-en-1-ol*, trans	-	-	0.1
1569.4	2-Ciclo-hexen- 1-ol, 1-metil-4-(1-metiletil)-, cis-	0.3	-	-
1584.1	Acetato de bornilo	-	-	Tr
1603	B-Cariofileno	2.7	0.3	Tr
1612	Terpinen-4-ol	2.1	Tr	0.6
1637	*cis* -p-Menth-2-en-1 -ol	0.2	-	Tr
1650	Aromandendreno	-	-	Tr
-	Desconhecido	Tr	-	-
1676	Humuleno	0.7	Tr	-
1680	Estragole	-	-	Tr
1686	Criptone	0.4	-	-
1698.7	Pentadecano	-	-	Tr
1706	a-Terpineol	2.0	0.2	1.2
1710	Furano, 2-etil-5-metil-	0.1	-	-
-	Desconhecido	-	-	Tr
1734	Phellandral	0.1	-	-
1741.1	Piperitona	-	-	Tr
RI	**Composto**	**Casca, %**	**Folha, %**	**Casca da raiz, %**
1753	trans-Piperitol	0.2	-	Tr
1761.2	5-Cadineno	0.1	-	Tr
1772.6	(R)-(+)-p-Citronelol	-	-	Tr
1776.7	Desconhecido	-	-	Tr
1792.2	Benzenepropanal	1.7	-	-
1799.1	Heptadecano	-	-	Tr
-	Desconhecido	Tr	-	-
1861	p-Cimeno-8-ol	Tr	-	-
1876.2	Isovalerato de benzilo	Tr	-	Tr
1889	Safrole	-	-	58.6
1898.1	Nonadecano	-	-	Tr
1909.4	Cis-Cinamaldeído	1.1	-	-
-	Desconhecido	0.2	-	-
1913.4	Álcool benzílico	-	Tr	-
1927.7	Miristaldeído	1.0	-	Tr
-	Desconhecido	0.1	-	-
1993.1	Óxido de cariofileno	3.4	0.2	-

-	Desconhecido	Tr	-	-
-	Desconhecido	Tr	-	-
2021.2	Metileugenol	-	-	1.6
2048.7	a-Isosafrole	-	-	Tr
2050.8	Epóxido de humuleno II	0.6	-	-
2052.3	trans-cinamaldeído	41.6	1.8	-
-	Desconhecido	0.2	-	-
-	Desconhecido	0.1	-	-
2133.3	(-)-Spathulenol	0.5	0.2	-
-	Desconhecido	0.3	-	-
2165.6	Acetato de cinamilo	1.7	-	-
2182.3	Eugenol	6.4	49.8	7.6
-	Desconhecido	0.4	-	-
2207.3	Ácido palmítico, éster metílico	0.3	-	-
2227.5	Carvacrol	0.1	-	-
2241	a-Cadinol	0.5	-	-
2243.3	Elemicina	-	-	Tr
-	Desconhecido	0.1	0.2	-
2280.9	Miristicina	-	-	Tr
-	Desconhecido	0.3	-	-
2297.3	Heptacosano	-	-	Tr
2301.8	Álcool cinamílico	0.2	-	-
2308.2	Tetraciclo[6.3.2.0(2,5).0(1,8)]tridecan-9-ol, 4,4-dimetil-	0.9	-	-
-	Desconhecido	0.3	-	-

RI	**Composto**	**Casca, %**	**Folha, %**	**Casca da raiz, %**
-	Desconhecido	0.3	-	-
2347.4	Epóxido *de trans* -Z-a-Bisaboleno	1.0	-	-
2363.2	a-Santalol	0.2	-	-
-	Desconhecido	1.4	-	-
2443	Santalol, trans-B-	Tr	-	-
2450.3	Ácido oleico, éster metílico	0.7	-	-
2457	Cinamaldeído, o-metoxi-	3.7	-	-
-	Desconhecido	-	-	Tr
2500	Éster metílico do ácido 11,14-icosadienoico	0.1	-	-
2562.5	Metoxi eugenol	-	-	Tr
-	Desconhecido	-	-	Tr
-	Desconhecido	0.1	-	-
2647.8	Benzoato de benzilo	1.3	40.4	-
2804.7	Salicilato de benzilo	0.4	2.5	-

RI = Índice de retenção; Tr = vestígios (< 0,1%); - = não detectado

7.3.4 Análise dos parâmetros físico-químicos dos óleos

O quadro 7.7 apresenta algumas das propriedades físico-químicas dos óleos da casca do caule, da folha e da casca da raiz de *Cinnamomum* sp. 1. A análise foi efectuada conforme descrito em 2.5.6. No entanto, a gravidade específica e a solubilidade em etanol não foram efectuadas para as amostras de óleo do caule e de óleo das folhas devido a quantidades insuficientes de óleo. Além disso, a rotação ótica não foi efectuada para os três óleos devido a quantidades insuficientes de óleo.

Tabela 7.7: Comparação dos parâmetros físico-químicos dos óleos *de Cinnamomum* sp. 1

Caraterísticas	Fonte		
	Óleo de casca de tronco	**Óleo de folhas**	**Óleo de casca de raiz**
Gravidade específica a 250C	0.9745	1.0236	1.0450
Índice de refração a 250C	1.5756	1.5150	1.5870
Solubilidade em etanol a 70%	1 volume de amostra em 2 volumes de etanol a 70%		

7.4 Discussão

7.4.1 *Cinnamomum* sp. 1, óleo da casca do caule

O óleo essencial isolado da casca do caule de *Cinnamomum* sp. 1, era um óleo amarelado pálido, mais leve do que a água, com cheiro agradável. O rendimento do óleo da casca do caule foi de 0,2 ± 0,05% (v/w) com base no peso seco. O odor do óleo da casca do caule é muito semelhante ao odor da *C. zeylanicum*, que é a espécie comercial. No entanto, o teor de óleo da casca do caule de *Cinnamomum* sp. 1 é muito inferior ao da espécie comercial.

O presente estudo foi a primeira análise exaustiva por GC-MS do óleo da casca do caule de *Cinnamomum* sp. 1. Entre os três óleos essenciais, o óleo da casca do caule contém o maior número de componentes, sessenta e cinco (Figura 7.2), dos quais quarenta e nove componentes foram identificados por GC-MS (Quadro 7.3). O presente estudo mostra que o óleo da casca do caule contém *trans-cinamaldeído* (41,6%), B-linalol (6,8%), eugenol (6,4%), cinamaldeído, o-metoxi- (3,7%) e B-phellandrene (3,6%) como compostos principais. Verificou-se que *o trans-cinamaldeído*, o eugenol, o B-linalol e o B-phellandrene são os compostos marcadores comuns em ambos os óleos da casca do caule de *Cinnamomum* sp. 1 e *C. zeylanicum*, que são responsáveis pelo perfil de odor semelhante em ambos os óleos. No entanto, o nível de trans-cinamaldeído foi significativamente baixo no óleo da casca do caule de *Cinnamomum* sp. 1, em comparação com o óleo da casca do caule de *C. zeylanicum* (Wijesekera et al. 1975; Wijesekera, 1978; Senanayake, 1977; Paranagama et al. 2001). Além disso, alguns compostos como o óxido de cariofileno (3,4%) e o cinamaldeído, o-metoxi (3,7%) são significativamente mais elevados no óleo da casca de *Cinnamomum* sp. 1 em comparação com o óleo da casca de *C. zeylanicum*. Além disso, alguns compostos, incluindo sabineno, 2-borneno, isovalerato de benzilo e salicilato de benzilo, não estão presentes no óleo da casca de *C. zeylanicum* (Wijesekera et al. 1975; Wijesekera, 1978; Senanayake, 1977; Senanayake, 1978).

7.4.2 *Cinnamomum* sp. 1, óleo de folhas

O óleo essencial extraído das folhas de *Cinnamomum* sp. 1 era de cor amarela escura, mais pesado que a água, com aroma de folhas. O rendimento do óleo foi de 0,3 ± 0,05% (v/w) com base no peso seco, o que é muito baixo em comparação com o teor de óleo da folha de *C. zeylanicum* (Liyanage et al. 2017). No entanto, vale a pena notar que o rendimento de óleo do material vegetal depende da maturidade e das condições ambientais.

No presente estudo, foram detectados vinte e dois componentes no óleo essencial da folha por GC-MS (Figura: 7.3) e todos os componentes foram identificados por GC-MS (Tabela 7.4). Mostrou que o óleo da folha contém eugenol (49,8%) e benzoato de benzilo (40,4%) como compostos principais e salicilato de benzilo (2,5%), B-Linalool (2,1%) e cinamaldeído (1,8%) como compostos secundários. No entanto, a impressão digital GC-MS do óleo da folha de *Cinnamomum* sp. 1 está a desviar-se significativamente do perfil GC-MS do óleo da folha de

C. zeylanicum devido à presença de um nível elevado de benzoato de benzilo (40,4%) no óleo da folha de *Cinnamomum* sp. 1. Além disso, o salicilato de benzilo não está presente no óleo de folhas de *C. zeylanicum*. Além disso, o safrol, o acetato de cinamilo e o acetato de eugenilo, que estão presentes no óleo das folhas de *C. zeylanicum*, não foram detectados no óleo das folhas de *Cinnamomum* sp. 1. (Wijesekera et al. 1975; Wijesekera, 1978; Senanayake, 1977; Senanayake, 1978; Paranagama et al. 2001). Além disso, a presença de uma elevada percentagem de benzoato de benzilo no óleo de folhas de *Cinnamomum* sp. 1, será um bom sinal para a indústria de fragrâncias, que pode ser utilizado como fixador natural ou uma nota de base em perfumes, bem como em paus de incenso.

7.4.3 *Cinnamomum* sp. 1, óleo da casca da raiz

O teor de óleo do óleo da casca da raiz de *Cinnamomum* sp. 1 é relatado pela primeira vez e estabeleceu o teor de óleo da casca da raiz como 1,2 ± 0,10% com base no peso seco. Também tem um odor diferente em comparação com os óleos da casca do caule e das folhas e possui um odor semelhante ao da cânfora. Além disso, o estudo GC-MS (Figura 7.4) mostra que o óleo da casca da raiz contém um tipo comparativamente diferente de componentes químicos principais em comparação com os óleos da folha e da casca do caule, nos quais foram detectados cinquenta e três componentes em GC-MS (Figura 7.4) e quarenta e oito componentes foram identificados por GC-MS (Tabela 7.5). Além disso, os compostos identificados foram quantificados por GC-FID (Figura 7.5). De acordo com o presente estudo, o componente principal do óleo da casca da raiz foi o safrol (58,6%) de quarenta e sete compostos identificados por GC-MS (Tabela 7.5). Além disso, a d-cânfora (16,5%), o eugenol (7,6%) e o eucaliptol (4,5%) estavam presentes como compostos menores no óleo da casca da raiz. Além disso, o óleo da casca da raiz de *Cinnamomum* sp. 1 é diferente do óleo da casca da raiz de *C. zeylanicum*, no qual a d-cânfora (47,4 a 60%) é o ingrediente principal em *C. zeylanicum*. Curiosamente, de acordo com estudos anteriores, o óleo da casca da raiz de *C. zeylanicum* contém uma baixa percentagem de safrol, que varia de 0,3 a 0,7% (Wijesekera et al. 1975; Wijesekera, 1978; Senanayake, 1977; Senanayake, 1978: Paranagama et al. 2001).

Por conseguinte, as impressões digitais GC-MS dos óleos da casca do caule, da folha e da casca da raiz de *Cinnamomum* sp. 1 apresentaram diferenças significativas em relação aos óleos da casca do caule, da folha e da casca da raiz de C. *zeylanicum*, o que indica que *Cinnamomum* sp. 1 é uma espécie ou subespécie diferente de *C. zeylanicum*. No entanto, tem de ser comprovado taxonomicamente no futuro com os caracteres florais de *Cinnamomum* sp. 1. Além disso, para obter as flores, esta espécie tem de ser cultivada num ambiente em que esteja exposta a uma luz solar adequada que estimule a floração.

Referências

Kumarathilake, D.M.H.C., Senanayake, S.G.J.N., Wijesekara, G.A.W., Wijesundera, D.S.A. & Ranawaka, R.A.A.K. (2010). Extinction Risk Assessments at the Species Level (Avaliações do risco de extinção ao nível das espécies): National Red List Status of Endemic Wild Cinnamon Species in Sri Lanka, *Tropical Agriculture Research Vol. 21 (3):* 247- 257.

Liyanage, T., Madhujith, T., Wijesinghe, K.G.G. (2017), Estudo comparativo sobre os principais constituintes químicos no óleo volátil de canela verdadeira (*Cinnamomum verum* Presl. syn. *C. zeylanicum* Blum.) e cinco espécies de canela selvagem cultivadas no Sri Lanka. *Tropical Agriculture Research Vol. 28 (3):* 270- 280.

Paranagama, P.A., Wimalasena, S., Jayatilake, G.S., Jayawardena, A.L., Senanayake,U.M. & Mubarak, A.M. (2001). Uma comparação dos constituintes do óleo essencial da casca, folha, raiz e fruto da canela (*Cinnamomum zeylanicum* Blum) cultivada no Sri Lanka. *J. Natn. Sci. Foundation Sri Lamka; 29 (3 &* 4): 147 - 153.

Senanayake, U.M., Lee, T.H. & Wills, R.B.H. (1978). Volatile Constituents of Cinnamon

(*Cinnamomum zeylanicum*) Oils. *J. Agric. Food Chem*. Vol. 26, No. 4, 822 - 823.

Wijesekera, R.O.B., Jayewardene, A.L., Lakshmi, S.R. & Fonseka, K.H. (1975). Essential Oils IV, Recent Studies on the Volatile Oils of Cinnamon, *J. Natn. Sci. Coun. Sri Lamka* 1975 3(2) : 101 - 107.

Wijesekera, R.O.B. (1978) The Chemistry and Technology of Cinnamon, *CRC Critical Reviews in Food Science and Nutrition*. 1- 30.

CAPÍTULO 8

Óleos essenciais de *Cinnamomum* sp.2 (Sin: Wal Kurundu; Eng: Wild Cinnamon)

8.1 Introdução

A crença popular entre os médicos tradicionais é que a floresta de Nilgala tinha sido o "jardim de plantas medicinais" do famoso médico rei Buddhadasa. Além disso, a reserva de Nilgala está situada na região de Uva-Baddula (localizada na fronteira entre os distritos de Ampara e Badulla) do Sri Lanka, onde as condições climáticas são muito adequadas para as espécies de *Cinnamomum*. No entanto, durante a exploração de novas espécies portadoras de óleo essencial na Reserva Florestal de Nilgala, a equipa de investigação notou uma nova espécie de *Cinnamomum* com folhas estreitas e compridas, que tem caraterísticas de cheiro a canela na folha e na casca (Goonewardene *et al.* 2003). No entanto, esta espécie em particular não produz flores durante todo o ano. Por conseguinte, a autenticação desta nova espécie foi um desafio e não foi possível identificar a espécie no Herbário Nacional. Por conseguinte, foi designada como *Cinnamomum* sp. 2.

Figura 8.1: *Cinnamomum* sp. 2 na Reserva Florestal de Nilgala

A Cinnamomum sp. 2 é uma árvore de tamanho moderado que cresce até cerca de 8 pés de altura. Cresce principalmente à sombra. As folhas são opostas ou subopostas, de ápice ovalado, base elíptica, lâmina coriácea, glabra, oval a lanceolada, de 8 a 19 cm de comprimento. O pecíolo é espesso, plano na superfície superior e tem 1,7 cm de comprimento. Três nervuras principais partem da base, a nervura central é proeminente, a reticulação é proeminente na superfície superior e inferior. O folheto é cor-de-rosa e parcialmente vermelho-escuro. Estão presentes galhas nas folhas. A folha de *Cinnamomum* sp. 2 é também mais estreita do que a folha de outras espécies endémicas de canela (Figura 8.1). A época de floração não é referida. A casca é lisa, de cor verde e fácil de descascar. As folhas de *Cinnamomum* sp. 2 têm um cheiro agradável a folhas e a casca tem um cheiro agradável distinto, que é muito semelhante ao da casca da canela do Ceilão comercial, *Cinnamomum zeylanicum.*

Este é o primeiro estudo de sempre de óleos essenciais de *Cinnamomum* sp. 2, por análise de espetrometria de massa por cromatografia gasosa. Os óleos essenciais da folha, da casca do caule e da casca da raiz foram selecionados para os perfis completos dos constituintes químicos. Por conseguinte, o presente estudo foi realizado para estabelecer a impressão digital GC-MS da folha, da casca do caule e da casca da raiz de *Cinnamomum* sp. 2, que se limita à Reserva Florestal de Nilgala.

8.2 Experimental

8.2.1 Material vegetal

As amostras de casca do caule, folha e casca da raiz de *Cinnamomum* sp. 2 foram colhidas na Reserva Florestal de Nilgala, como descrito em 2.1.2. Tal como descrito no ponto 2.1.3, foram atribuídos códigos às amostras colhidas e foi depositado um espécime de prova (espécime de prova n.º CD-KF-1) para cada amostra no Herbário Nacional do Sri Lanka, que não conseguiu autenticar o material vegetal sem flores. A extração do óleo e a análise dos três óleos foram feitas a partir das partes obtidas da mesma planta, que é uma árvore de tamanho médio com cerca de 1,5 m de altura

8.2.2 Extração de óleos essenciais de material vegetal

As amostras selvagens selecionadas foram secas ao ar e cortadas em pequenos pedaços, como descrito no ponto 2.2. As amostras de casca, folha e raiz secas ao ar foram submetidas a hidrodestilação com o aparelho Clevenger, como descrito em 2.4.1. Além disso, a análise da humidade do material vegetal foi efectuada com o aparelho Dean and Stark, como descrito em 2.3.1.

8.2.3 Análise de óleos

A análise química dos óleos extraídos das amostras de cascas, folhas e raízes foi efectuada por GC-MS seguido de GC-FID utilizando a coluna DB-Wax e os parâmetros físicos dos óleos foram efectuados por refratómetro, polarímetro e picnómetro, tal como descrito no ponto 2.5.

8.2.3.1 Análise GC-MS

A preparação das amostras para GC-MS foi efectuada como descrito no ponto 2.5.2.1 e a análise GC-MS dos óleos foi efectuada como descrito no ponto 2.5.3.1.

8.2.3.2 Análise GC-FID

A preparação das amostras para GC-FID foi efectuada como descrito no ponto 2.5.2.2 e a análise GC-FID dos óleos foi efectuada como descrito no ponto 2.5.3.2.

8.2.3.3 Identificação e quantificação de compostos

A identificação dos compostos presentes em cada amostra de óleo essencial foi efectuada por GC-MS e por cálculos do Índice de Retenção de cada pico, tal como descrito em 2.5.3.1 e 2.5.3.3, respetivamente.

8.2.3.4 Análise dos parâmetros físicos

A análise dos parâmetros físicos, incluindo o índice de refração, a rotação ótica, a densidade relativa e a solubilidade em etanol a 70%, foi efectuada como descrito no ponto 2.5.6.

8.3 Resultados

8.3.1 Aspeto, odor e rendimento dos óleos essenciais

O quadro 8.1 apresenta as propriedades gerais dos óleos essenciais obtidos a partir de *Cinnamomum* sp. 2, incluindo a cor, o odor e o rendimento de cada óleo.

Tabela 8.1: Aspeto, odor e rendimento dos óleos extraídos de *Cinnamomum* sp. 2

Tipo de óleo	Cor/densidade	Odor	Teor percentual de óleo com base no peso seco/ %,v/w
Casca do caule	Amarelado pálido/óleo claro	Cheiro agradável	0.3 ± 0.05

Folha	Amarelo escuro/Óleo pesado	Cheiro a folha	1.0 ± 0.05
Casca de raiz	Cor menos/óleo pesado	Tipo cânfora	1.3 ± 0.10

8.3.2 Análise cromatográfica em fase gasosa de óleos essenciais destilados em laboratório

A Tabela 8.2 mostra a análise cromatográfica em fase gasosa dos óleos essenciais *de Cinnamomum sp.* 2 obtidos de diferentes partes da planta. Mostra o aparelho utilizado para as extracções de óleo, a coluna utilizada para a análise e os detalhes dos cromatogramas para a análise GC-MS e GC-FID de cada óleo. Devido ao baixo teor de óleo do óleo da casca do caule, a análise GC-FID não foi efectuada para o óleo da casca do caule. No entanto, o óleo das folhas foi analisado tanto por GC-FID como por GC-MS.

Tabela 8.2: Análise GC dos óleos essenciais *de Cinnamomum* sp. 2

Óleo essencial	Aparelhos utilizados para a destilação	Coluna	Análise GC-MS Figura Nos.	Análise GC-FID Figura Nos.
Óleo de casca de tronco	Aparelho de Clevenger (braço de óleo leve)	Cera DB	98	-
Óleo de folhas	Aparelho de Clevenger (braço de óleo leve)	Cera DB	99	100
Óleo da casca da raiz	Aparelho de Clevenger (braço de óleo leve)	Cera DB	101	-

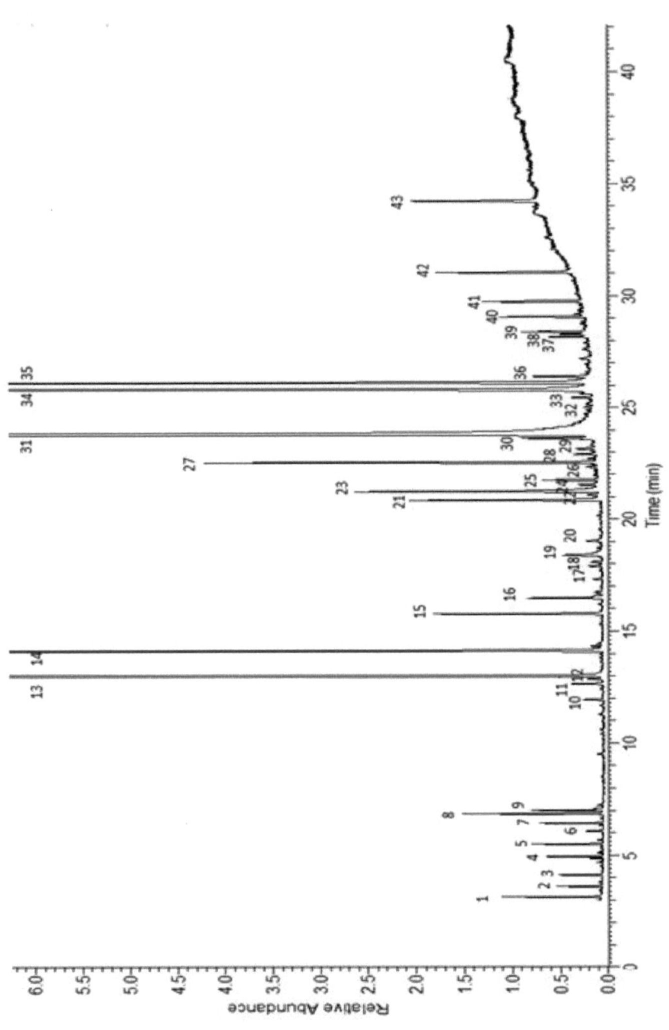

Fig. 8.2. Cromatograma GC-MS do óleo da casca do caule *de Cinnamomum* sp. 2 na coluna DB-Wax

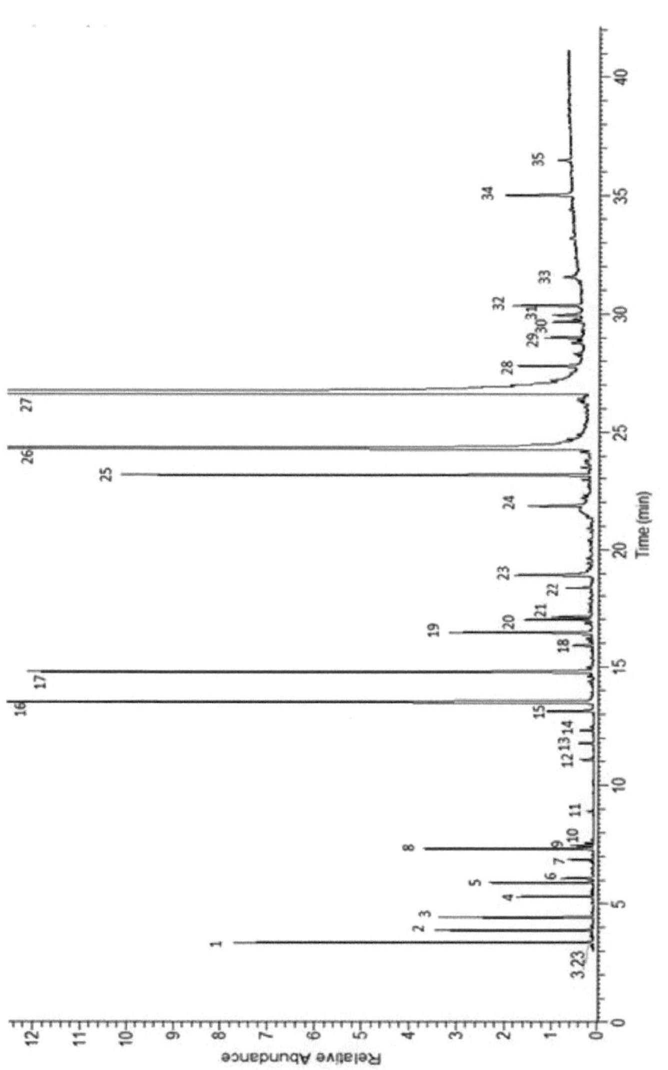

Fig. 8.3. Cromatograma GC-MS do óleo de folhas de *Cinnamomum* sp. 2 na coluna DB-Wax

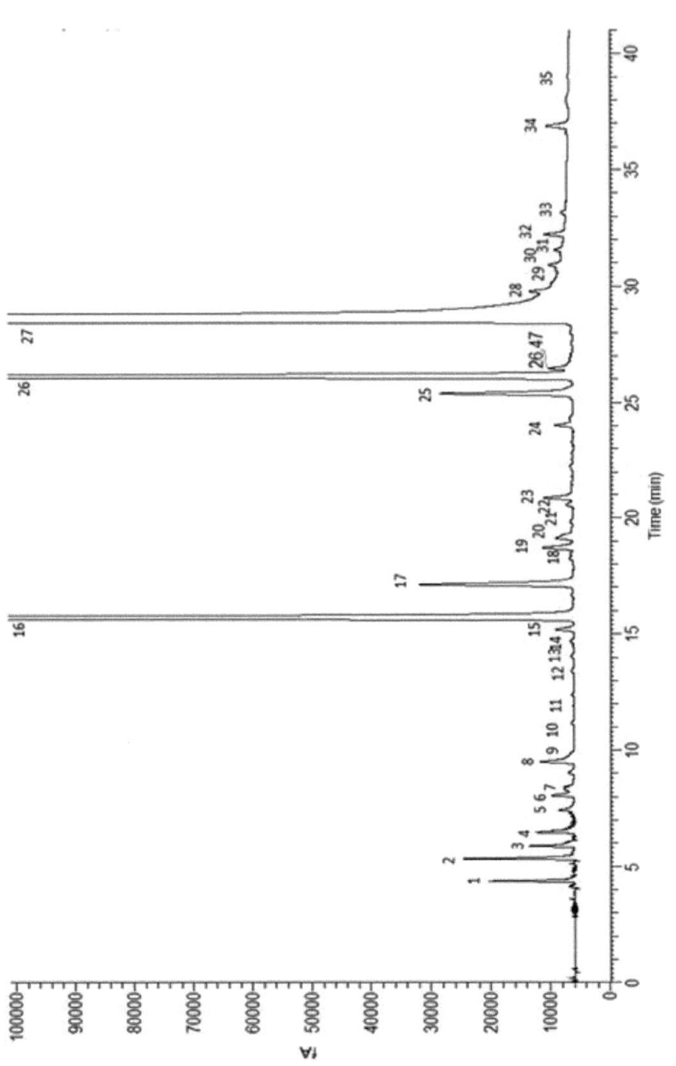

Fig. 8.4. Cromatograma GC-FID do óleo de folhas de *Cinnamomum* sp. 2 na coluna DB-Wax

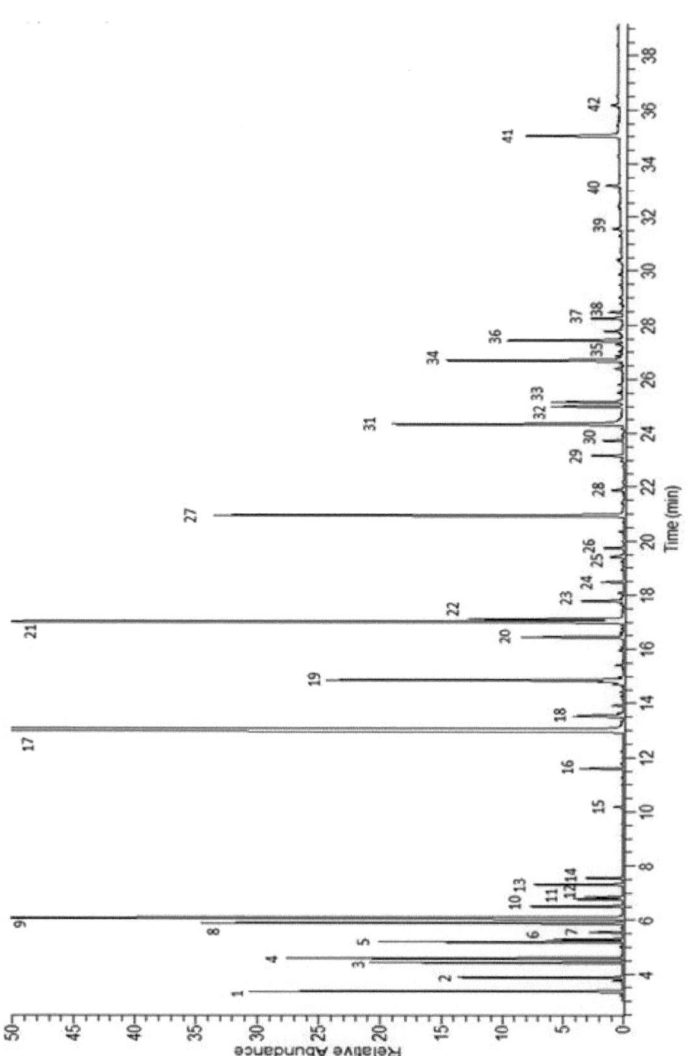

Fig. 8.5. Cromatograma GC-MS do óleo da casca da raiz de *Cinnamomum* sp. 2 na coluna DB-Wax

8.3.2.1 Análise cromatográfica em fase gasosa do óleo da casca do caule *de Cinnamomum* sp. 2

A Tabela 8.3 mostra os constituintes químicos do óleo da casca do caule *de Cinnamomum* sp. 2. Cada componente químico da amostra foi identificado por análise GC-MS (Figura 8.2) e os constituintes químicos selecionados foram ainda confirmados por injeção de padrões analíticos em GC-MS (denotados como GC-MS* na Tabela 8.3). A abundância relativa de cada constituinte químico foi obtida a partir dos resultados da GC-MS.

Quadro 8.3: Constituintes do óleo da casca do caule de *Cinnamomum* sp. 2

Número de pico	Componente	RT	Método de identificação	Abundância relativa, %, w/w
1	a-Pineno	3.14	GC-MS*	0.3
2	Camphene	3.61	GC-MS	0.1
3	P-Pineno	4.11	GC-MS*	0.1
4	a-Phellandrene	4.93	GC-MS	0.2
5	D-Limoneno	5.49	GC-MS*	0.2
6	2-metilbutirato de butilo	6.06	GC-MS	Tr
7	в-Ocimeno	6.42	GC-MS	0.2
8	P-Cimeno	6.86	GC-MS	0.5
9	Ácido butírico, 2-metil-, 2-metilbutil	7.01	GC-MS	0.3
10	Decanal	11.92	GC-MS	Tr
11	Benzaldeído	12.64	GC-MS	0.1
12	Desconhecido	12.87	-	Tr
13	в-Linalol	13.00	GC-MS*	12.1
14	в -Cariofileno	14.13	GC-MS*	3.4
15	Humuleno	15.77	GC-MS*	0.7
16	a-Terpineol	16.47	GC-MS*	0.3
17	2-Metilbenzofurano	17.89	GC-MS	Tr
18	a-Curcumeno	18.06	GC-MS	Tr
19	Benzenepropanal	18.37	GC-MS	0.3
20	1-Hexadecino	19.02	GC-MS*	Tr
21	Cinamaldeído	20.84	GC-MS	0.9
22	Desconhecido	21.08	-	Tr
23	Miristaldeído	21.23	GC-MS	1.4
24	Desconhecido	21.52	-	Tr
25	Acetato de benzenepropilo	21.73	GC-MS	0.2
26	Desconhecido	22.32	-	Tr
27	Óxido de cariofileno	22.52	GC-MS	1.7
28	Epóxido *de trans* -Z-a-Bisaboleno	22.88	GC-MS	Tr
29	Desconhecido	23.17	-	Tr
N.º de pico	**Componente**	**RT**	**Método de identificação**	**Abundância relativa, %, w/w**
30	Epóxido de humuleno II	23.64	GC-MS	0.3
31	trans-cinamaldeído	23.81	GC-MS*	52.3
32	Desconhecido	25.46	-	Tr
33	Desconhecido	25.64	-	Tr
34	Acetato de cinamilo	25.83	GC-MS*	13.8
35	Eugenol	26.13	GC-MS*	6.4
36	Desconhecido	26.41	-	0.2
37	Desconhecido	28.17	-	0.1
38	Álcool cinamílico	28.28	GC-MS	0.1
39	Tetracyclo[6.3.2.0(2,5).0(1,8)]tridecan-9-	28.38	GC-MS	0.3
40	Desconhecido	29.05	-	0.4
41	Desconhecido	29.75	-	0.4
42	Cinamaldeído, o-metoxi-	31.04	GC-MS	0.6
43	Benzoato de benzilo	34.24	GC-MS*	0.7

RT = Tempo de retenção na análise GC-MS; tr = vestígios (< 0,1%); - = não detectado;
GC-MS - Análise espectroscópica de massa por cromatografia gasosa

GC-MS* - Confirmação do constituinte químico por GC-MS com um padrão analítico

8.3.2.2 Análise cromatográfica em fase gasosa do óleo de folhas de *Cinnamomum* sp. 2

A Tabela 8.4 mostra os constituintes químicos do óleo de folhas de *Cinnamomum* sp. 2. Cada componente químico da amostra foi identificado por análise GC-MS (Figura 8.4) e os constituintes químicos selecionados foram ainda confirmados por injeção de padrões analíticos em GC-MS (denotados como GC-MS* na Tabela 8.4). Os componentes químicos no cromatograma GC-FID (Figura 8.5) foram atribuídos por comparação com o cromatograma GC-MS (Figura 8.4). Posteriormente, a abundância relativa de cada constituinte químico foi obtida a partir dos resultados do GC-FID.

Quadro 8.4: Constituintes do óleo de folhas de *Cinnamomum* sp. 2

N.º de pico	Componente	RT	Método de identificação	Abundância relativa, %, w/w
1	a-Pineno	3.36	GC-MS*	0.4
2	Camphene	3.88	GC-MS	0.2
3	B-Pineno	4.43	GC-MS*	0.2
4	a-Phellandrene	5.30	GC-MS	Tr
5	D-Limoneno	5.89	GC-MS*	Tr
N.º de pico	**Componente**	**RT**	**Método de identificação**	**Abundância relativa, %, w/w**
6	Eucaliptol	6.07	GC-MS*	Tr
7	B-cis-Ocimeno	6.86	GC-MS	Tr
8	p-Cimeno	7.32	GC-MS	0.2
9	Ácido butanóico, 2-metil-, 2-metilbutil	7.45	GC-MS	Tr
10	a-Terpinoleno	7.55	GC-MS*	Tr
11	Álcool hexílico	8.92	GC-MS	Tr
12	Óxido de linalol	11.09	GC-MS	Tr
13	Carbonato de etilo 2-(5 -metil-5 -viniltetrahidrofurano-2-il)propan-2-ilo	11.77	GC-MS	Tr
14	a-Copaeno	12.31	GC-MS	Tr
15	Benzaldeído	13.13	GC-MS	0.1
16	B-Linalol	13.51	GC-MS*	5.9
17	B-Cariofileno	14.80	GC-MS*	0.8
18	a-Guaiene	15.90	GC-MS	Tr
19	Humuleno	16.45	GC-MS*	0.2
20	a-Terpineol	17.00	GC-MS	0.1
21	Borneol	17.10	GC-MS	Tr
22	5-Cadineno	18.35	GC-MS	Tr
23	Benzenepropanal	18.92	GC-MS	0.1
24	Miristaldeído	21.86	GC-MS	Tr
25	Óxido de cariofileno	23.16	GC-MS	0.6
26	*trans* -Cinamaldeído	24.32	GC-MS	7.4
27	Eugenol	26.70	GC-MS*	82.8
28	a-Cadinol	27.80	GC-MS	Tr
29	Tetracyclo[6.3.2.0(2,5).0(1,8)]tridecan-9-	28.99	GC-MS	Tr
30	Desconhecido	29.65	-	Tr
31	cis-Isoeugenol	29.95	GC-MS	Tr
32	Desconhecido	30.35	-	Tr
33	Cinamaldeído, o-metoxi-	31.55	GC-MS	Tr
34	Benzoato de benzilo	35.01	GC-MS	0.1

RT = Tempo de retenção na análise GC-MS; tr = vestígios (< 0,1%); - = não detectado;
GC-MS - Análise espectroscópica de massa por cromatografia gasosa
GC-MS* - Confirmação do constituinte químico por GC-MS com um padrão analítico

8.3.2.3 Análise cromatográfica em fase gasosa do óleo da casca da raiz de *Cinnamomum* sp. 2

A Tabela 8.5 mostra os constituintes químicos do óleo da casca da raiz de *Cinnamomum* sp. 2. Cada componente químico da amostra foi identificado por análise GC-MS e os constituintes químicos selecionados foram ainda confirmados por injeção de padrões analíticos em GC-MS (denotados como GC-MS* em
Tabela 8.5). A abundância relativa de cada constituinte químico foi obtida a partir dos resultados do GC-MS.

Quadro 8.5: Constituintes do óleo da casca da raiz de *Cinnamomum* sp. 2

N.º de pico	Componente	RT	Método de identificação	Abundância relativa, %, w/w
1	a-Pineno	3.36	GC-MS*	3.0
2	Camphene	3.87	GC-MS	1.3
3	P-Pineno	4.42	GC-MS*	2.0
4	Sabineno	4.60	GC-MS*	2.8
5	P-Mirceno	5.20	GC-MS	2.0
6	a-Phellandrene	5.30	GC-MS	0.6
7	a-Terpineno	5.54	GC-MS*	0.3
8	D-Limoneno	5.89	GC-MS*	3.9
9	Eucaliptol	6.08	GC-MS*	12.5
10	trans-в-Ocimeno	6.51	GC-MS	0.8
11	Y-Terpineno	6.78	GC-MS *	0.4
12	в-cis-Ocimeno	6.86	GC-MS	0.3
13	p-Cimeno	7.32	GC-MS	0.8
14	a-Terpinoleno	7.55	GC-MS*	0.3
15	Fenchone	10.17	GC-MS	0.1
16	Terpineol, cis- в	11.59	GC-MS	0.5
17	d-Cânfora	13.01	GC-MS*	30.5
18	в-Linalol	13.52	GC-MS*	0.9
19	Terpinen-4-ol	14.87	GC-MS*	3.6
20	Desconhecido	16.45	-	1.1
21	a-Terpineol	17.02	GC-MS*	10.6
22	Borneol	17.12	GC-MS	1.8
23	3-Ciclo-hexeno-1-ona, 2-isopropil-5-metil-	17.78	GC-MS	0.5
24	(R)-(+)-e-Citronelol	18.47	GC-MS	0.3
25	2,6-Dimethyl-3,5,7-octatriene-2-ol, ,E,E-	19.40	GC-MS	0.2
26	Desconhecido	19.74	-	0.2
27	Safrole	20.94	GC-MS*	5.1
28	Miristaldeído	21.87	GC-MS	0.2
29	Óxido de cariofileno	23.18	GC-MS	0.4
30	Metileugenol	23.73	GC-MS*	0.2
31	trans-cinamaldeído	24.33	GC-MS*	3.3
32	Elemol	24.99	GC-MS	0.8
33	5-Azulenometanol, 1,2,3,4,5,6,7,8- octa-hidro-a,a,3,8-tetrametil-	25.16	GC-MS	0.8

34	Eugenol	26.70	GC-MS*	2.2
35	Guai-1(10)-en-11-ol	27.43	GC-MS	Tr
N.º de pico	**Componente**	**RT**	**Método de identificação**	**Abundância relativa, %, w/w**
36	Elemicina	27.77	GC-MS/NMR	0.3
37	(-)-Spathulenol	28.24	GC-MS	Tr
38	Miristicina	28.47	GC-MS	0.2
39	Cinamaldeído, o-metoxi-	31.55	GC-MS	0.1
40	Metoxieugenol	33.20	GC-MS	0.2
41	Benzoato de benzilo	35.03	GC-MS*	1.6
42	Desconhecido	36.17	-	Tr

RT = Tempo de retenção na análise GC-MS; Tr = vestígios (< 0,1%); - = não detectado;
GC-MS - Análise espectroscópica de massa por cromatografia gasosa
GC-MS* - Confirmação do constituinte químico por GC-MS com um padrão analítico
NMR- Espectroscopia de Ressonância Magnética Nuclear

8.3.3 Comparação dos constituintes químicos dos óleos da casca do caule, da folha e da casca da raiz de *Cinnamomum* sp. 2

A Tabela 8.6 mostra a comparação da análise cromatográfica em fase gasosa dos óleos da casca do caule, da folha e da casca da raiz de *Cinnamomum* sp. 2. O Índice de Retenção de cada composto foi calculado conforme descrito em 2.5.3.3.

Quadro 8.6: Comparação (%) dos óleos das folhas, da casca do caule e da casca da raiz de *Cinnamomum* sp. 2

RI	Composto	%, Casca	%, Folha	%, Casca da raiz
1029	a-Pineno	0.3	0.4	3.0
1076	Camphene	0.1	0.2	1.3
1118	B-Pineno	0.1	0.2	2.0
1167	B-Mirceno	-	-	2.0
1172	a-Phellandrene	0.2	Tr	0.6
1188	a- Terpineno	-	-	0.3
1208	D-Limoneno	0.4	Tr	3.9
1218	Eucaliptol	0.2	Tr	12.5
1231.1	2-metilbutirato de butilo	Tr	-	-
1249.7	trans-Ocimeno	0.2	Tr	0.8
1280	p-Cimeno	0.5	0.2	0.8
1285	Ácido butírico, 2-metil-, éster 2-metilbutílico	0.3	Tr	-
1307.3	a-Terpinoleno	-	Tr	0.3
1369.5	Álcool hexílico	-	Tr	-
1425.1	Fenchone	-	-	0.1
1464.9	óxido de trans -linalol	-	Tr	-
1486.6	*Terpineol-Cis* - B	-	-	0.5
RI	**Composto**	**%, Casca**	**%, Folha**	**%, Casca da raiz**
1494.4	Etil 2-(5-metil-5-viniltetrahidrofurano-2-il)propan-2-il	-	Tr	-
1496	a-Copaeno	-	Tr	-
-	Desconhecido	Tr	-	-
1500.9	Decanal	Tr	-	-

1515	D-cânfora	-	-	30.5
1531.9	Benzaldeído	0.1	0.1	-
1555	B-Linalol	12.1	5.9	0.9
1603	B-Cariofileno	3.4	0.8	-
1612	Terpinen-4-ol	-	-	3.6
1674.3	a-Guaiene	-	Tr	-
1698.7	Humuleno	0.7	0.2	-
1723.7	a-Terpineol	0.3	0.1	10.6
1728.3	Borneol	-	Tr	1.8
1759.4	3-Ciclo-hexeno -1-ona-2-isopropil-5-metilo	-	-	0.5
1764.4	2-Metilbenzofurano	Tr		
1768.4	5-Cadineno	-	Tr	-
1772.1	a-Curcumeno	Tr		
1792.2	Benzenepropanal	0.3	0.1	tr
1908.4	Safrole	-	-	5.1
1909.4	Cis-Cinamaldeído	0.9	-	-
1922.8	Miristaldeído	1.4	Tr	-
1947.5	Acetato de benzenepropilo	0.2	-	-
1950	Lauraldeído	-	-	0.2
1993.1	Óxido de cariofileno	1.7	0.6	0.4
2010.9	epóxido de trans-Z-a-Bisaboleno	Tr	-	-
-	Desconhecido	Tr	Tr	-
2021.2	Metileugenol	0.1	-	0.2
2050.3	Epóxido de humuleno II	0.3	-	-
-	Desconhecido	Tr	Tr	-
2052.3	trans-cinamaldeído	52.3	7.4	3.3
2114.5	Elemol	-	-	0.7
2133.3	Acetato de cinamilo	13.8	-	0.1
2206.7	Eugenol	6.4	82.8	2.2
-	Desconhecido	Tr	Tr	-
2268.5	a-Cadinol	-	Tr	-
-	Desconhecido	0.2	-	-
-	Desconhecido	0.1	-	-
2294.4	Álcool cinamílico	0.1	-	-
2337.2	Tetracyclo[6.3.2.0(2,5).0(1,8)]tridecan-9-ol, 4,4-dimetil-	0.3	Tr	-
-	Desconhecido	-	Tr	-
2393	cis-Isoeugenol	-	Tr	-
-	Desconhecido	0.4	Tr	-
2489.7	Cinamaldeído o-metoxi-	0.6	Tr	-
2676.3	Benzoato de benzilo	0.7	Tr	-

RI = Índice de retenção; tr = vestígios (< 0,1%); - = não detectado

8.3.4 Análise dos parâmetros físico-químicos dos óleos

A Tabela 8.7 mostra algumas das propriedades físico-químicas dos óleos da casca do caule, da folha e da casca da raiz de *Cinnamomum* sp. 2. A análise foi efectuada conforme descrito em 2.5.6. No entanto, a gravidade específica e a solubilidade em etanol não foram efectuadas para as amostras de óleo do caule e de óleo da casca da raiz devido a quantidades insuficientes de óleo. Além disso, a rotação ótica não foi efectuada para os três óleos devido a quantidades insuficientes de óleo.

Tabela 8.7: Comparação dos parâmetros físico-químicos dos óleos *de Cinnamomum* sp. 2

Caraterísticas	Fonte		
	Óleo de casca de tronco	**Óleo de folhas**	**Óleo de casca de raiz**
Gravidade específica a 250C	0.9567	1.0167	1.0450
Índice de refração a 250C	1.5756	1.5150	1.5870
Solubilidade em etanol a 70%	2 volumes de etanol a 70% em 1 volume de amostra		

14.4 Discussão

14.4.1 *Cinnamomum* sp. 2, óleo da casca do caule

O óleo essencial isolado da casca do caule de *Cinnamomum* sp. 2, era um óleo amarelado pálido, mais leve do que a água, com cheiro agradável. O rendimento do óleo da casca do caule foi de 0,3 ± 0,05% (v/w) com base no peso seco. O odor do óleo da casca do caule é muito semelhante ao odor da *C. zeylanicum*, que é a espécie comercial. No entanto, o teor de óleo da casca do caule de *Cinnamomum* sp. 2 é muito inferior ao da espécie comercial.

O presente estudo foi a primeira análise abrangente por GC-MS do óleo da casca do caule de *Cinnamomum* sp. 2. Entre os três óleos essenciais, o óleo da casca do caule contém o maior número de componentes, que é de quarenta e três (Figura 8.2), dos quais trinta e dois componentes foram identificados usando GC-MS (Tabela 8.3). O presente estudo mostra que o óleo da casca do caule contém *trans-cinamaldeído* (52,3%), acetato de cinamilo (13,8%), ʙ-linalol (12,1%), eugenol (6,4%) e ʙ-cariofileno (3,4%) como compostos principais. Verificou-se que *o trans-cinamaldeído*, o eugenol, o ʙ-linalol, o acetato de cinamilo e o ʙ-cariofileno são os compostos marcadores comuns em ambos os óleos da casca do caule de *Cinnamomum* sp. 2 e *C. zeylanicum*, que são responsáveis pelo perfil de odor semelhante em ambos os óleos. No entanto, o nível de trans-cinamaldeído foi relativamente baixo no óleo da casca do caule de *Cinnamomum* sp. 2, em comparação com o óleo da casca do caule de *C. zeylanicum*. Além disso, os níveis de acetato de cinamilo e ʙ-linalol foram relativamente elevados em *Cinnamomum* sp. 2, em comparação com o óleo da casca do caule de *C. zeylanicum* (Wijesekera et al. 1975; Wijesekera, 1978; Senanayake, 1977; Senanayake, 1978; Paranagama et al. 2001). Em geral, os perfis GC- MS de ambos os óleos da casca do caule de *Cinnamomum* sp. 2 e *C. zeylanicum* coincidem um com o outro. No entanto, as condições ambientais influenciam diretamente o perfil químico do óleo da casca, bem como o teor de óleo do material vegetal.

7.4.2 *Cinnamomum* sp. 2, óleo de folhas

O óleo essencial extraído das folhas de *Cinnamomum* sp. 2, era de cor castanha, mais pesado do que a água, com aroma de folhas. O rendimento do óleo foi de 1,0 ± 0,05% (v/w) com base no peso seco, que é um conteúdo semelhante ao conteúdo de óleo foliar de *C. zeylanicum* (Liyanage et al. 2017). No entanto, o rendimento de óleo do material vegetal depende totalmente da maturidade e das condições ambientais.

No presente estudo, foram detectados trinta e quatro componentes no óleo essencial da folha por GC-MS (Figura: 8.3) e trinta e dois componentes foram identificados por GC-MS (Tabela 8.4). Além disso, mostra que o óleo da folha contém eugenol (82,8%), *trans-cinamaldeído* (7,4%) e ʙ-linalol (5,9%) como compostos principais. Curiosamente, a impressão digital GC-MS do óleo de folhas de *Cinnamomum* sp. 2 é muito semelhante ao perfil GC-MS do óleo de folhas de *C. zeylanicum*. No entanto, o óleo de folhas de *Cinnamomum* sp. 2 contém uma percentagem baixa de terpenos e uma percentagem mais elevada de *trans-cinamaldeído*, em comparação com o óleo de folhas de *C. zeylanicum* (Wijesekera et al. 1975; Wijesekera, 1978; Senanayake, 1977; Senanayake, 1978; Paranagama et al. 2001). Além disso, este óleo de folhas em particular não contém nem um vestígio de safrol, o que foi uma descoberta interessante para promover o óleo de folhas de canela sem safrol no mercado internacional. Além disso, tem um elevado teor de *trans-cinamaldeído* (7,4%), que pode ser isolado por destilação fraccionada para ser utilizado no processo de normalização do óleo de casca de canela no futuro.

8.4.3 *Cinnamomum* sp. 2, óleo da casca da raiz

O teor de óleo do óleo da casca da raiz de *Cinnamomum* sp. 2 foi investigado pela primeira vez e provou que o teor de óleo da casca da raiz é de 1,3 ± 0,10% com base no peso seco. Também tem um odor diferente em comparação com o óleo da casca do caule e das folhas e é um odor semelhante ao da cânfora. Além disso, o estudo GC-MS (Figura 8.5) mostra que o óleo da casca da raiz contém um tipo comparativamente diferente de compostos químicos principais em comparação com os óleos da folha e da casca do caule, nos quais foram detectados quarenta e dois componentes em GC-MS e trinta e nove compostos foram identificados por GC-MS (Tabela 8.5). De acordo com o presente estudo, o componente principal do óleo da casca da raiz foi a d-cânfora (30,5%), o eucaliptol (12,5%), o a-terpineol (10,6%) e o safrol (5,1%). A impressão digital GC-MS do óleo da casca da raiz de *Cinnamomum* sp. 2, tem uma impressão digital GC-MS muito semelhante à do óleo da casca da raiz de *C. zeylanicum* (Wijesekera et al. 1975; Wijesekera, 1978; Senanayake, 1977; Senanayake, 1978; Paranagama et al. 2001). No entanto, o nível de d-cânfora foi bastante baixo no óleo da casca da raiz de *Cinnamomum* sp. 2. O óleo da casca da raiz de *Cinnamomum* sp. 1 da floresta de Kanneliya contém safrol (58,6%) como composto principal e os óleos da casca da raiz de *Cinnamomum* sp. 2 e *C. zeylanicum* foram significativamente diferentes desse óleo.

Por conseguinte, as impressões digitais GC-MS dos óleos da casca do caule, da folha e da casca da raiz de *Cinnamomum* sp. 2 mostraram algumas semelhanças em relação aos óleos da casca do caule, da folha e da casca da raiz de *C. zeylanicum*, o que implica que *Cinnamomum* sp. 2 pode ser uma espécie ou subespécie diferente de *C. zeylanicum*. No entanto, tem de ser provado taxonomicamente no futuro com os caracteres florais de *Cinnamomum* sp. 2. Além disso, para obter as flores, esta espécie tem de ser cultivada num ambiente onde esteja exposta a uma luz solar adequada que estimule a floração.

Referências

Goonewardene, S., Hawke, Z., Vanneck, V., Drion, A., de Silva, A., Jayaratne, R., et al. (2004). Diversity of Nilgala Fire Savannah, Sri Lanka: with Special Reference to its Herpetofauna, Report ofProject Hoona.

Kumarathilake, D.M.H.C., Senanayake, S.G.J.N., Wijesekara, G.A.W., Wijesundera, D.S.A., Ranawaka, R.A.A.K. (2010). Avaliações do risco de extinção ao nível das espécies: National Red List Status of Endemic Wild Cinnamon Species in Sri Lanka, *Tropical Agriculture Research Vol. 21 (3):* 247- 257.

Liyanage, T., Madhujith, T., Wijesinghe, K.G.G. (2017), Estudo comparativo sobre os principais constituintes químicos no óleo volátil de canela verdadeira (*Cinnamomum verum* Presl. syn. *C. zeylanicum* Blum.) e cinco espécies de canela selvagem cultivadas no Sri Lanka. *Tropical Agriculture Research Vol. 28 (3):* 270- 280.

Paranagama, P.A., Wimalasena, S., Jayatilake, G.S., Jayawardena, A.L., Senanayake,U.M. & Mubarak, A.M. (2001). Uma comparação dos constituintes do óleo essencial da casca, folha, raiz e fruto da canela (*Cinnamomum zeylanicum* Blum) cultivada no Sri Lanka. *J. Natn. Sci.*

Foundation Sri Lamka; 29 (3 & 4): 147 - 153.
Senanayake, U.M., Lee, T.H. & Wills, R.B.H. (1978). Volatile Constituents of Cinnamon (*Cinnamomum zeylanicum*) Oils. *J. Agric. Food Chem.* Vol. 26, No. 4, 822 - 823.
Wijesekera, R.O.B., Jayewardene, A.L., Lakshmi, S.R. & Fonseka, K.H. (1975). Essential Oils IV, Recent Studies on the Volatile Oils of Cinnamon, *J. Natn. Sci. Coun. Sri Lamka* 1975 3(2) : 101 - 107.
Wijesekera, R.O.B. (1978) The Chemistry and Technology of Cinnamon, *CRC Critical Reviews in Food Science and Nutrition.* 10(1), 1-30.

yes
I want morebooks!

Buy your books fast and straightforward online - at one of world's fastest growing online book stores! Environmentally sound due to Print-on-Demand technologies.

Buy your books online at
www.morebooks.shop

Compre os seus livros mais rápido e diretamente na internet, em uma das livrarias on-line com o maior crescimento no mundo! Produção que protege o meio ambiente através das tecnologias de impressão sob demanda.

Compre os seus livros on-line em
www.morebooks.shop

info@omniscriptum.com
www.omniscriptum.com

Printed by Books on Demand GmbH, Norderstedt / Germany